上海大学出版社

2005年上海大学博士学位论文 49

冲突的策略

● 作 者： 翁 定 军

● 专 业： 社 会 学

● 导 师： 李 友 梅

Shanghai University Doctoral
Dissertation (2005)

Tactics of Conflict

Candidate: Weng Dingjun
Major: Sociology
Supervisor: Li Youmei

Shanghai University Press
· Shanghai ·

上 海 大 学

本论文经答辩委员会全体委员审查，确认符合上海大学博士学位论文质量要求。

答辩委员会名单：

主任：吴 铎 教授，华东师范大学 200062

委员：沈关宝 教授，上海大学社会学系 200072

胡受钧 教授，复旦大学社会学系 200434

鲍宗豪 教授，华东理工大学 201103

张佩国 教授，上海大学社会学系 200072

导师：李友梅 教授，上海大学社会学系 200072

评阅人名单：

吴　锋	教授，华东师范大学	200062
沈关宝	教授，上海大学社会学系	200072
刘豪兴	教授，复旦大学社会学系	200434

评议人名单：

卢汉龙	教授，上海社会科学院	200020
潘大渭	教授，上海社会科学院	200020
张江华	教授，上海大学社会学系	200072
徐中振	教授，上海社会科学界联合会	200020

答辩委员会对论文的评语

答辩委员会认为翁定军的论文以三峡工程移民在上海的生活适应过程为背景，从"控制与保护，抗争与迎合"的前提假设出发，分析了地方政府与移民之间的互动，从日常生活的平淡小事中归纳了强者与弱者面临冲突情景时相互对待的策略。

在理论层面，作者以"组织决策分析"为理论分析工具，运用与其他社会学家的观点相对比的方式，从权力的角度"理解"和解释了行动者的行动，在一定程度上揭示了行动者具体行动策略背后的权力制约因素；此外，作者还结合了心理学的有关概念分析了弱者的行动策略。

论文的前提假设、分析的视角有一定创意。论文的整个结构比较合理，思路清楚，表达通俗；论证的逻辑比较严谨，分析具有一定的深度；归纳出的具体策略以及得出的结论均具有一定的启迪性，有助于人们理解强者与弱者之间的关系及其行动。

论文的主要缺陷是实证资料略显单薄，由此影响到对具体策略的归纳程度。

答辩委员会一致认为，该论文基本达到博士学位论文要求。经表决一致通过建议授予博士学位。

答辩委员会表决结果

经答辩委员会表决，全票同意通过翁定军同学的博士学位论文答辩，建议授予博士学位。

答辩委员会主席：**吴　铎**

2005年3月14日

摘　要

本文以移居上海的三峡移民的生活适应为切入点,从上层社会与底层社会的视角探讨移入地政府与移民之间在面对冲突情景时互相对待的策略。将控制、保护和抗争、迎合分别视为双方的基本策略,移入地政府在对待移民的策略中既有控制的一面,也有保护的一面;而移民对待政府同样如此,既有抗争的一面,还有迎合的一面。在此前提下分析四个问题:第一,从"科层化"的角度分析移民办这套安置体制所具有的控制与保护功能,试图从中揭示有效控制的要素;第二,分析适合弱者特点的抗争形式,并从向上性意志的角度分析迎合现象,以揭示具体的"抗争与迎合"的形式及其背后的权力制约因素;第三,从两个方面分析了互动,一是从移民与地方政府之间的互动分析行动者为建立"规则"而展开的博弈,二是从移民之间的互动分析移民群体行动的解体;最后,分析冲突的结果或互动的结果——移民的适应,本文从两个视角探讨了适应问题,一是从社会的视角引入"局部秩序"的概念来界定移民初期的适应,以突出"秩序"的含义;二是从个体的角度探讨影响适应的因素,强调其中的向上性意愿和权力认同的作用。

关键词　移民,冲突,权力,策略

Abstract

This article is based on the practice that the emigrations from SanXia adapt them to the life in a new settlement. The author angles the article from the upper and the bottom class to approach the tactics performed both by the settlement authority and the emigration under the conflicting circumstances. Controlling combined with protecting from government, resisting with compromising from the emigration are considered as the basic tactics of each side. After this premise established, the author further develops the studies on four issues:

Firstly, utilizing the views of Bureaucracy to analyze the system of the Settlement Office together with it's controlling and protecting functions. Followed is the analysis on the effective forms of resisting for the weaker groups, fundamentally including the reasonable type and silent type, also involving the phenomena of compromising with the viewpoint of the upper-oriented will. And the third is the views on interaction, one is on the game activities for establishing the rules from interaction angle between immigrate and local government, and the other is involving on the disintegration of group activities from the interaction angle between emigrants. Finally through the symbolized meanings of the conflict impact, the author intend to discover the emigration's adaption, it starts two aspects, including the definition of the emigration's initial adaption by introducing the concept of "local order" from the social angle of view, the emphasize on the influence of the upper-oriented will and the function of power identity from the individual angle.

Key words emigration, conflict, power, tactics

目　　录

第一章 理论与方法

举世瞩目的三峡工程开工已十年有余了，伴随这项浩大工程的是亘古未有的百万移民大迁移。截至2003年3月，三峡库区累计搬迁安置移民已达72.4万人，占规划移民总数113万人的64.3%。

大规模的迁移在历史上是屡见不鲜的。文化的交流、思想的交融、技术的传播等，都与移民的迁移、人员在不同地域的流动有着千丝万缕的联系。迁移促进着社会的发展和繁荣。上海开埠一百多年来，正是她那海纳百川的胸怀接纳着来自五湖四海的人士，使她成为我国最大的都市。从某种意义上讲，上海就是移民打造的；深圳从二三十年前的渔岛小村一跃而为南方大都市，更是创造了一个现代版本的移民奇迹。移民为当地社会带来了资金、带来了技术、带来了各种观念，也为当地社会带来了经济上的活力。

三峡库区移民属于工程移民，工程移民与投资移民、技术移民有着明显的区别，他们除了国家发放的迁移补偿外，几乎没有资金，也不具备现代产业所需要的各项技术和知识，他们是贫困山区的农民，他们的到来不仅难以为当地社会的经济带来活力，反倒有可能成为当地社会的包袱和负担。不少接纳地的政府并不像对待投资移民、技术移民那样，鼓励他们的到来，而是在国家的指令下接纳了这些工程移民。

类似这种指令性的特征同样发生在移民身上，他们不像投资移民、技术移民或其他移民那样是自愿迁移，而是出于工程建设的需要在政府的动员下离开家乡的。迁移带有明显的非自愿性。接纳方的指令性与迁入方的非自愿性构成了双方互动的背景，也增添了双方发生冲突的可能性。

地方政府，从一个官员群体的角度讲，无论按哪种社会分层的标准进行分层，无疑都属社会等级体系的最上层，而三峡工程移民，从其构成主体是山区农民上看，同样在任何一种社会分层标准之下，都应归入到社会的最底层。这样，地方政府与移民的互动，换一个视角看，也就是社会上层与社会下层之间的互动，是强者与弱者之间的互动，是支配者与从属者之间的互动。本研究试图以三峡工程移民在上海的生活适应过程为特定背景，以上海地方政府与移民之间的互动为切入点，探讨社会上层与社会下层的关系，着重探讨双方在直接互动中相互对待的方式，面对冲突情景时各自采取的策略。

一、有关研究述评

在上层社会与下层社会的关系问题上，人们研究和探讨最多的当数两者之间的社会冲突。社会冲突历来是社会学研究领域的重要课题。一百多年来各国社会学家从不同的角度、不同的侧面对社会冲突做了大量的研究和探索。

主流社会学家对于社会冲突现象的关注和研究可以追溯至马克思。马克思的思想被西方理论界看做是社会冲突理论的一个重要来源，是冲突论发展史上的一个重要阶段（贾春增，1989：85）。马克思从对生产资料的占有出发，对资本主义制度的社会经济结构和阶级分化作了深入的解剖，解释了社会各阶级、各集团之间的利益冲突，揭示了社会基本矛盾在社会各个领域中的具体表现，在此基础上创建了阶级斗争的学说，认为由阶级斗争而导致的社会革命是社会发展的根本动力，从而在历史唯物主义的基础上奠定了社会冲突的一般理论。这一理论至今仍对社会冲突的研究产生着重大的影响。

受马克思理论的影响，布林顿（C. Brinton，1957）从社会结构的角度分析了社会冲突。但与马克思有所不同，布林顿分析的出发点不是阶级而是阶层，他从社会阶层的角度对社会革命运动的起源和条件进行了剖析。在《革命的解剖》一书中，布林顿比较和分析了17世纪的英国革命、18世纪的美国革命、1879年的法国大革命以及

1917 年的俄国十月革命，认为社会对抗往往发生在社会经济条件不断改善而不是最恶劣的时候，经济上处于绝对贫困的底层群体很少是反抗的发起者和积极参与者，重大的社会对抗往往发生于社会分层体系中互相接近的两个阶层之间。布林顿的观点明确表达了这样一层意思：动摇统治阶层统治地位的力量并非主要来自或首先来自底层群体。

社会冲突学派的代表人物达伦多夫(Dhrendorf，1957)则从社会群体的角度探讨社会冲突，试图建立一个适用于一般"工业社会"的社会冲突理论。他认为阶级分化的关键因素不是对生产资料的拥有权而是实际支配权，马克思的理论只是反映早期资本主义社会中的情况。在《工业社会中的阶级和阶级冲突》中，达伦多夫从冲突群体的形成及其条件的角度分析了工业社会中的冲突，在他看来，从"准群体"发展成为"利益群体"是统治与被统治双方产生社会冲突的现实基础。具有一定的组织者和基于共同利益意识之上的意识形态的出现是"准群体"成为"利益群体"的重要条件，此外，社会的政治容许度和准群体成员之间的沟通能力与沟通程度都是形成利益群体的必要条件。按照达伦多夫的观点演绎，社会冲突是在社会群体的基础上产生的，社会冲突的形式是社会群体的冲突，冲突群体的显著特征是具有一定的组织者、组织性和意识形态。

可以说，上述观点都是站在宏观的层面上剖析了社会冲突的一般原因、条件或者过程，是从社会结构、社会过程、阶级、阶层或集团利益的角度对社会冲突进行的历史探讨和理论思考，为人们提供了一种考察和解释现实社会的各种社会矛盾和社会斗争的视角。与上述学者的角度不同，社会学家齐美尔(齐美尔，1908)则是从社会交往形式的角度探讨社会冲突问题。他认为，建立一种全方位的整体性的社会理论尚为时过早，因此，没有必要像马克思、韦伯、涂尔干那样问津宏观的社会整体，社会学只需提炼和形成一种可以包括经验世界内容的"形式"或社会学概念就可以了。而冲突就是齐美尔讨论的一种社会学形式，它是社会互动的形式。并且，齐美尔同样关注社会交往的另一形式——合作。他认为,合作与冲突是人们社会交往的主要形式。在现实社会中,完全协调一致的群体是不存在的。在复杂和分化的社会里,人们都属于一定的群体,而在群体中生活的人们都具有一种排他性,即竞争的本能。任何一个合作过程都同时伴随着与之相对立的冲突过程,社会本身就是一个包含着合作与冲突、吸引与排斥这样一些矛盾的统一体。将人们结合起来的力量和造成人们冲突的因素是一个问题的两个方面(齐美尔,1908:75)。因此,在任何一种形式的社会合作中都同时存在着冲突,冲突是不可避免的。即使只涉及两个人之间的密切关系也不可能完全排除冲突,真正的密切关系并不是掩盖冲突,而是允许冲突表现出来,从而避免冲突的积累。如果双方都尽量避免和防止冲突,反倒说明两人之间的关系不够密切,双方缺乏信任感和安全感。

将齐美尔的思想归入到微观层面的社会冲突理论,理由也许不充分,但是,齐美尔毕竟是借助于微观层面上的人际关系说明和解释了社会冲突。科赛(科赛,1956)接受了齐美尔的某些观点,他也认为没有必要建立一种囊括所有社会现象的综合理论,而只需从社会内容当中抽取出一些能说明问题的形式就可以了。科赛从齐美尔"冲突是一种社会结合形式"的命题出发,广泛探讨了社会冲突的功能。在齐美尔关于冲突的一些具体观点中,科赛最感兴趣的是通过改革和创新解决冲突和组织社会系统僵化的见解。他的基本观点是,社会整体内各部门之间的失调,必然导致各式各样的冲突,冲突引起社会重组,增强其适应性,在一定条件下,冲突具有保证社会连续性、减少对立两极产生的可能性、防止社会系统的僵化、增强社会组织的适应性和促进社会的整合等正功能,冲突"增强而不是降低了特定社会关系或社会群体的适应或调整"(科赛,1956:57),冲突可以促进或至少是有益于社会变迁。

相比之下,柯林斯(柯林斯,1942)的思想离微观理论可能更近一些,他更加关心宏观社会过程得以存在的微观机制。柯林斯认为,社会结构是行动者的互动模式,是在行动者不断地创造和再创造中产生并得以持续的。对宏观社会结构的理解不能脱离建构这些结构的行动者。他吸取了现象学和民俗学方法论的研究成果,力图为宏观社会学奠定微观基础。在其《冲突社会学》一书中,柯林斯以戈夫曼的“拟剧理论”、加芬克尔等人的本土方法论以及符号互动论等微观社会学理论为基础,对日常交往、家庭、组织、国家等不同结构层次上的分层与冲突过程进行了解释,从而建立了一个融微观过程与宏观过程于一体,以微观过程来解释宏观过程的社会冲突理论。

而詹姆斯·斯科特(James C. Scott,1985,1990)关心的是特定社会群体的冲突以及冲突的形式。他在对农民问题的实证研究中注意到了社会冲突的另一种形式,即无组织的、个体的、偶然的和象征性的反抗,这种反抗形式却往往被人们所忽略。斯科特指出,历史上有组织的大规模农民反抗是极为罕见的,有组织的大规模农民反抗在强大的国家机器面前,无异于以卵击石、自取灭亡,鲜有成功者。对于农民来说,这过于奢侈了,那即使不是自取灭亡,也是过于危险的。有鉴于此,他认为更为重要的是去理解农民反抗的日常形式(everyday forms of peasant resistance),即农民与从他们那里索取超量的劳动、食物、税收、租金和利益的那些人之间进行的平常却是持续不断的争斗。斯科特在此区分了所谓“真正的”反抗与象征的、偶然的甚至附带性的反抗行动。真正的反抗被认为是:① 有组织的、系统的与合作的;② 有原则的或非自利的;③ 具有革命性的后果;④ 将观念或动机具体化为对统治基础的否定。与之相反,象征的、偶然的或附带性的行动则是:① 无组织的、非系统的和个体的;② 机会主义的、自我放纵的;③ 没有革命性的后果;④ 就其意图或意义而言,含有一种与统治体系的融合。

斯科特明确反对这样一种观点,即认为后一种反抗形式是无足轻重和毫无意义的,只有前一种才构成真正的反抗。不难理解,历史上正式的、组织化的政治运动,即便是秘密的和革命性的,也通常为中产阶级和知识分子所拥有;若在这一领域寻找农民政治大半会徒劳无功。农民也因而被认为是政治上的无效阶级,除非被外来者加以组织和领导。斯科特将偷懒、装糊涂、开小差、假装顺从、偷盗、怠工、诽谤、纵火等这些象征性的、偶然的反抗称为“弱者的武器”。这些“弱者的武器”的共同特点是：它们几乎不需要事先的协调或计划，它们利用心照不宣的理解和非正式的网络，它们避免与权威直接对抗。这类形式的反抗适合于农民的社会结构和社会特点。斯科特进而提出“隐藏的文本”这一分析性概念用以概括农民反抗行为的选择和意识形态的特征。“隐藏的文本”是相对于“公开的文本”而言的，如果从属者的话语在支配者在场时是一种“公开的文本”，那么“隐藏的文本”则用以说明发生在“后台”的话语。“公开的文本”并不表现从属者真正的观念，它可能只是一种策略。在一定程度上支配者会意识到“公开的文本”只是一种表演，其可靠性会大打折扣。“隐藏的文本”不仅是一种话语、姿态和象征性表达，也是反抗行为的思想依据。“隐藏的文本”的话语不仅在于阐明和解释行为，它还有助于建构行为。“隐藏的文本”揭示了社会冲突除了存在表面的、公开的形式之外，还具有隐蔽的形式。

法国社会学家克罗齐耶(克罗齐耶，1985)和费埃德贝格(Erhard Friedberg，1998)则另辟蹊径，他们没有像传统社会学家那样从社会阶级、阶层或统治层与被统治层等角度去研究社会冲突，而是从科层组织入手，以行动者拥有的资源以及由此产生的权力关系为出发点，分析组织中的各个行动者为获取自身利益而采取的策略以及相互之间展开的博弈。他们通过分析行动者之间的协商、谈判、合作、竞争和冲突等行动从而把组织内行动者之间的冲突纳入到了研究范畴之内。在克罗齐耶看来，权力关系是人类关系的根本所在，是理解人类社会行动的关键要素。“权力”源自行动者拥有的各类资源，资源为行动者提供了行动的选择性，增强了行动者的行动不确定性和多样性，其实质是扩大了行动者的自由余地。行动者的基本行动逻辑就在于扩大自身行动的自由余地。由于组织中的行动者都力图谋求自由余地的扩大，由此造成了行动者之间的冲突，也由此出现了行动者之间的竞争、讨价还价、谈判、交换、联盟和合作等。克罗齐耶认为，组织中的每个行动者或多或少都拥有这种或那种资源，从而形成程度不同的自由余地，就此意义上讲，每个行动者都拥有程度不同的“权力”，每个行动者都是“决策”者，他们借助自身拥有的资源运用一定的策略努力使自己的利益最大化，同时，也运用组织中既有的规则使自己的行动“合法化”，并且与组织中的其他行动者进行公开的或隐蔽的竞争、交换、讨价还价、结盟等，也就是说，冲突与合作是组织中的普遍现象，冲突是一种常态，冲突与合作结伴而生。克罗齐耶和费埃德贝格运用了权力、资源、不确定性、自由余地、有限理性等一套概念去分析行动者的行动和策略，进而分析行动规则（游戏规则）的建构和行动结构的建构，同时，也使这套概念成为组织分析的理论工具。

费埃德贝格进一步突破了组织概念的传统范畴，他从行动的角度来界定组织，组织既是一种结构，又是一种结构性的行动，他用“局部秩序”(local order)取代了组织的概念，“局部秩序”不再局限于具有明确边界的正式组织，而是行动实际发生的领域，凡是人类行动发生交互作用的一切领域都属行动领域。然而，“局部秩序”不具有普遍性，仅指局部的、具体的行动领域，对于具体的领域必须具体分析，具体研究。随着组织范畴的扩大，克罗齐耶和费埃德贝格对冲突与合作的研究也不再局限于传统的组织范畴之内，由权力、不确定性、自由余地、有限理性等概念构成的理论分析工具的应用范围也随之扩大，它们成为分析人类交互作用的有效工具，费埃德贝格曾用此理论工具分析了金融交易市场之类的行动领域中行动者之间的冲突与合作的模式(Erhard Friedberg，1998)。

从社会冲突的宏观理论研究到微观的经验研究，从关注“有组织”的冲突到关注“个体式”的抗争，从重视“公开的”反抗到重视“隐蔽的”的抵制，从阶级阶层的分析到行动者分析，从单纯强调冲突到同时强调冲突与合作，所有这些，都反映了人们分析社会冲突的视角在不断拓展，对社会冲突的研究在不断深化。毋庸置疑，它们在社会冲突的研究史上占据着相当重要的地位。

社会学家对社会冲突问题的探讨，本来其关注点主要在于社会发展、社会变迁的原因和动力，而在具体探讨的过程中，也必然涉及了冲突的策略问题。上述思想家们的论述，不仅是对冲突问题本身的理论探索，而且包含了冲突策略的分析或主张。从宏观策略上看，众所周知，马克思阶级斗争学说的出发点和归宿都是为了摧毁当时的社会秩序——资本主义制度，建立共产主义的大同社会。在几乎整个20世纪，马克思的学说成为世界共产党夺取政权、巩固政权的意识形态、理论基础和指导方针。与马克思不同，布林顿和达伦多夫等人研究的侧重点在于社会冲突或“革命”发生的征兆或条件、过程等问题，无论他们的主观意愿是什么，客观上都起到了提醒统治阶层能尽早防范革命的发生、维护现有秩序的作用。与此相同，斯科特的研究则在于提醒统治阶层注意“风平浪静之下的暗涌”，农民大量的微不足道的小行动就像成百上千万的珊瑚虫日积月累地造就的珊瑚礁，最终可能导致国家航船的搁浅或倾覆。费埃德贝格与上述研究的出发点又有所不同，费埃德贝格明确提出研究者应该使“自己在某种程度上成为行动领域中的一个行动者”(Erhard Friedberg，1998：205)，既反映着西方知识精英参政议政的政治要求，也在提醒着统治阶层应重视知识精英在建构“局部秩序”中的作用。

当冲突问题由宏观研究延伸到微观研究时，对冲突策略的分析也变得相对具体。科赛在探讨冲突的社会作用时，用机械工程上的安全阀概念进行了类比，安全阀通过不断排出过量的蒸气起到了保护整个结构的作用，社会冲突可以通过“充当发泄敌意的出口”(科赛，1956：41)，及时排泄积累的敌对情绪，起到稳定社会的作用，因此，科赛主张应对社会结构中的“安全阀体制”加以制度化，以防范和缓解社会冲突。斯科特的“弱者的武器”揭示的是处于弱者地位的农民的具体反抗形式和策略，奥尔森则使用“搭便车”的概念，分析了群体成员坐享其成与不愿冒险的心态和策略，“弱者的武器”和“搭便车”两个概念解释了处于弱势地位的群体为什么常常不能以群体的方式起来抗争。两者都是对下层群体抗争的具体策略的探讨。

策略的研究不仅是一个理论问题，更是一个实践的问题，无论研究者的主观愿望如何，其研究成果客观上都将为一定集团、阶层所用。我国历朝历代的一些学者们或政治思想家们在这方面表现得可能更明显一些，孔夫子那著名的“民可使由之，不可使知之”（孔子《论语·泰伯篇》，81），既是对统治阶层奉行愚民政策的经典概括，也在客观上提示着以后各朝各代的君主们加强对民众的思想控制。在我国的各类史书中，各种“治世良方”、“施政诀要”充斥其中。撰史的一个重要目的就是为君主提供历史借鉴，正如司马光所言，“鉴前世之兴衰，考当今之得失，嘉善矜恶，取是舍非，足以要懋稽古之盛德，跻元前之至治”（司马光《进资治通鉴表》，398）。而有些政治学术著作更是直截了当地为君主出谋划策，最为典型的当数战国时期韩非的政治学术著作。韩非在其《韩非子》一著中系统地论述了君主控制大臣乃至控制民众的“法（普遍主义的赏罚规定）、势（严峻刑法形成的高压）、术（通过分权制衡驾驭群臣的权术）”三位一体的君主专制理论，足以与西方马基雅维利的《君主论》相比拼，大受秦始皇的赞赏；在《韩非子》的《主道》、《奸劫弑臣》等篇中，韩非进一步提出了君主控制下层的具体方法，比如，离间群臣，鼓励举报，实行连坐，使天下臣民不得不为君主伺察、候听（韩非《主道》，28－33）；还有，对于察知的奸人，必须毫不留情地铲除；可用法律定罪的，就公开杀掉；公开诛杀会影响君主声誉的，就在饮食上做手脚；再不，就借刀杀人，让他的仇敌去干（韩非《八经》，448－464）。在西方历史上，马基雅维利在《君主论》中也表达了类似的观点，他说，人皆善于“忘恩负义、反复无常、装模作样、虚情假意”（马基雅维利，1997），所以统治者与其博取众人爱戴，不如令其恐惧更安全，与韩非的观点几乎有异曲同工之妙。像韩非这样公开进谏这些几近“厚黑学”谋略的，在中国历史上大概是绝无仅有的，然而，这些策略却是封建专制君主控制下层的一贯做法，只不过是只做不说而已，这种传统可以用“儒表法里”（秦晖，2001）来概括，表面宣扬的是儒家学说，内在遵循的却是法家主张，正所谓“百代都行秦政制”，公开推崇的则是孔孟之道。

我国历史上也有一些政治思想家从“以民为本”的立场出发，劝诫君主重视“民心”，所谓“得人心者得天下”，“水能载舟，亦能覆舟”(吴兢《贞观政要·教戒太子诸王》,21)。在“君与民”的关系上，唐代的吴兢曾有一个形象的比喻，他在《贞观政要》的《君道》篇中，开宗明义指出：“为君之道，必须先存百姓，若损百姓以奉其身，犹割股以啖腹，腹饱而身毙。”(吴兢《贞观政要·君道》,140)。这些政治思想直接成为君主们实行安抚政策、怀柔政策的依据。

这类具体策略的探讨在史书中是非常多的，例子是举不胜举，但归结起来主要是两个方面：一是上层控制下层的策略，另一是上层安抚下层的策略。

我们现时的社会同样存在着各种社会冲突，人们也在探讨着各种冲突的形式和冲突的策略。工程移民的迁移和适应为人们提供了一个近距离考察社会冲突及冲突策略的窗口。这是一个涉及特定经验领域的社会冲突，它更微观、更具体。虽然关于工程移民的经验研究为数不少，但大都限于安置方式的探讨，也有一些是关于适应问题的研究，比如，施国庆和陈阿江探讨了基于血缘、地缘之上的初级社会网的建构(施国庆、陈阿江,1999)，刘振和雷洪探讨了移民的知识、经验、能力等对适应过程的影响(刘振、雷洪,1999)。将冲突的策略与工程移民结合起来研究的社会学学者当推我国北京大学的应星先生，他探讨了工程移民落户以后与地方官员所发生的冲突及其双方采取的策略。在其 2001 年 12 月发表的《大河移民上访的故事》中(应星,2001)，应星以 20 世纪 70 年代末和 80 年代山阳乡建造大河电站为背景，用纪实的方法讲述了我国山阳乡大河电站移民为争取利益补偿的落实与地方官员不断冲突和抗争，进而不断上访的一个又一个的故事，通过这些故事，应星归纳了移民所运用的“缠、绕”等策略，揭示了弱者的反抗艺术，并通过各级地方官员应对移民上访的方法以及协调矛盾、解决问题的方法，分析了地方政府的“摆平术”。虽然应星在其《大河移民上访的故事》一书中几乎没有出现“冲突”一词，但是，其所讲述的一个个上访故事勾勒了一幅移民与地方官员连绵不断的、几无止境的冲突画面。可以说,应星探讨了特定经验领域中的社会冲突的策略。

不同的学者研究的视角不尽相同,有的揭示了统治阶层控制下层社会的策略,有的则是在提醒统治阶层在控制的同时,也应采取“安抚”的策略,也有的是在探讨下层社会的反抗形式和策略,尽管存在诸多差异,却有一个比较雷同的地方:这些观点大都注重阶层关系中的冲突和对立一面,强调的是上层对下层的控制,或者下层对上层的反抗。然而,在阶层关系中还存在着一个不应忽视的方面,那就是下层社会的成员对上层社会的热切向往与追求。他们向往着有朝一日能成为上层社会中的一员,追求着上层社会的生活方式,模仿着上层社会的行为举止。这种向往与追求,表现为人们对美好生活的憧憬,表现为人们谋求自身的发展,寻求更大的发展空间,成为社会流动中向上流动的一种内在动力。

当个体面对权力者,迎合权力、利用上层社会拥有的资源便有可能成为谋求自身发展的一种策略,成为实现内心中的那种向往与追求的一种手段。虽然迎合反映的是社会成员个体的心态和行为,无法说明两个阶层之间的关系,但是,现实生活中的策略,尤其是具体的策略,总是同具体的个体相联系的。如果在阶级、阶层的宏观范畴上,把抗争看做是下层对上层关系的主要方面,那么,在个体这个微观层面上,更多的是下层对上层的迎合。也许这种微观的心理层面没有资格纳入社会学的宏观分析范畴,但它却是下层成员在权力者面前采取的一种普遍策略,具有普遍性,它已经超出了个体心理层面的意义,同样具有社会学研究的价值。

归纳起来,在上层社会与下层社会相互对待的方式中,一方面是上层社会对下层社会的控制与安抚,另一方面是下层社会对上层社会的抗争与迎合,相互交织在一起。也可以这么看,控制与抗争构成了上层社会与下层社会冲突的一面,而安抚与迎合反映了上层社会与下层社会和谐的一面,具有缓解和平息冲突的功能。正如齐美尔所说,社会本身就是一个包含着合作与冲突、吸引与排斥这样一些矛盾的统一体，将人们结合起来的力量和造成人们冲突的因素是一个问题的两个方面。

二、研究问题与理论工具

在三峡移民落户上海后的适应生活这个具体的经验领域中，结合有关的社会冲突理论和观点，有些问题似有进一步思考的必要。

(1) 毋庸置疑，社会冲突的焦点在于经济利益的分配，而三峡库区的一部分移民是从贫困的三峡山区移居到中国最大的工业中心上海近郊，移居的条件是比较优厚的，移民的损失得到了相应补偿，同过去相比，移民的生活水平提高了，生活环境改善了，但是，为什么冲突与抗争的现象仍时有发生？甚至有些冲突的发生与经济利益并没有直接关系。

(2) 传统的社会理论强调了具有正式组织的公开的冲突形式，斯科特则关注个体式的隐蔽的抵制，但是，在调查中，可以看到存在着一种介于两者之间的半公开的冲突形式。这种冲突，从形式上看，既有群体性的一面，也有个体的或无组织的一面，既不同于达伦多夫的“有组织的”反抗，也不同于斯科特的“无组织”抵制。它是否属于两者之间的一种过渡形式？如果这种过渡形式在现实生活中具有普遍性，那么，它就具有专门的研究价值。

(3) 按照科赛的观点，群体之间的冲突有助于地位相同的人形成有共同利益的、有自我意识的群体组织，有助于加强群体内部成员之间的统一和团结，是促使群体凝聚的条件与诱因(科赛，1956)，但是，在移民这个本身已经具有一定的共同利益、具有一定组织性的群体中，其与外界的冲突为什么非但没有促使其进一步组织起来，反而使原有的群体趋于解体呢？

(4) 作为地方管理层而言，从维护社会秩序和社会稳定的角度一般是不会容忍一个违反现有秩序的现象存在的，然而，对于具有一定组织程度的移民的违规行为却为什么能够容忍？他们又是采取了哪些措施来防范可能的冲突?

上述问题在很大程度上可以归结为上层社会与底层社会或支配者与从属者之间的关系问题,是双方相互对待的方式问题。上层社会与底层社会的关系,讲到底,是一种权力关系。双方之间相互对待的方式则是一个策略问题。行动者采取怎样的策略是与其自身地位、拥有的权力相应的。从总体上看,作为社会上层的地方管理者,面临的问题主要是如何管理与控制移民,维持稳定的社会秩序,帮助移民适应,保护移民的利益;作为社会底层的移民群体,其策略主要是采取怎样的方式向地方政府争取自己的利益,怎样利用上层的资源谋求自身的发展。这两个方面结合起来,也就是"控制与保护,抗争与迎合"的模式关系。

本研究以移居上海的三峡库区移民为切入点,透过他们在适应过程中与移入地社会——主要是地方政府移民办——发生的冲突探讨行动者的策略,以"控制与保护"和"抗争与迎合"分别作为不同权力地位行动者的基本策略,在此前提之下,一是探讨和解释行动者的具体行动策略及其背后的权力因素,二是探讨这些策略具有的社会学意义。

在分析一个具体领域的社会冲突时,必须结合这个社会的社会性质。在历朝历代的统治者那里,控制是绝对的,"安抚"是权宜性的,纯粹是控制的一种手段,"得人心"是为了"得天下"或"坐天下"。在我们社会,党和政府的执政思想是"立党为公"、"执政为民",从根本上消除了上层社会与下层社会的对抗性质,同时也消除了社会冲突中的敌对关系,各种社会冲突只是不同阶层利益的一时不和谐而已。党和政府是"为民"而"执政",保护民众的利益是根本的目的,控制是为了保证社会的稳定,只有在社会稳定的前提下,民众的利益才能得到保障;"保护"不仅是执政的手段,更是执政的目的,这是由我们社会的性质决定的。"立党为公"、"执政为民",是我们党和政府的根本之"道"。

本文以此"道"(思想、信念)作为基本出发点,探讨"势"(地位、权力)与"术"(策略、具体方法)之间的关系。只有融"道"、"势"、"术"于一体,方可出现社会运动的良性循环,并渐次向理想境界迈进。同理,只有从"道"之前提出发,方可正确揭示"势"与"术"之关系,才能理解"术"。正是由于现今之"道"与传统之"道"发生了根本性质的变化,传统的策略模式"控制与安抚"之"术"已经不适合现今的社会,"安抚"已经被"保护"所取代,"控制与保护"而不是"控制与安抚"更正确地反映了现今的社会性质。

由此,本文将"控制与保护,抗争与迎合"视为行动者的基本策略模式,从四个方面展开具体的探讨:首先,以"控制与保护"作为地方政府的基本行动策略,探讨具体的控制和保护策略,主要是防范冲突的策略,试图从中揭示有效控制的要素。其次,以"抗争与迎合"作为移民行动的基本策略,分析弱者面对强者或从属者面对支配者的具体行动策略,以揭示具体的"抗争与迎合"的形式及其背后的权力制约因素。第三,分析行动者之间的互动,策略是灵活的、应变的,对策略的分析需结合互动的分析。本文从两个方面分析了互动,一是从移民与地方政府之间的互动分析行动者为建立"规则"而展开的博弈,二是从移民之间的互动分析移民群体行动的解体。最后,分析冲突的结果或互动的结果——移民的适应,本文从两个视角探讨了适应问题,一是从社会的视角引入"局部秩序"的概念来界定移民初期的适应,以突出"秩序"的含义,同时保持学理上的概念一致性;另一是从个体的角度探讨影响适应的因素,强调其中的向上性意愿和权力认同的作用。"控制与保护,抗争与迎合"既是本文分析冲突策略的前提模式,也是分析冲突策略、归纳经验材料的思路和线索。一方面,具体策略的探讨是在此前提模式下展开的,另一方面,对于具体策略的揭示,本身也在验证此前提模式。

权力是贯穿本研究的一个解释性概念。在社会学的历史上许多著名的社会学家们都从不同的角度对权力作出过界定,其中当数韦伯的观点最有影响。韦伯认为:"权力意味着在某种社会关系中贯彻自己的意志并排除反抗的所有机会,不管它是基于什么原因。"(韦伯,1921：87)韦伯正确地揭示了权力的强制性特征,不过韦伯的定义并没有涉及强制性的来源,即强制性是怎么形成的,法国社会学家克罗齐耶和费埃德贝格则从自由余地的角度分析了权力的实质,上海大学社会学教授李友梅吸取两人的有关观点分析了权力的来源:“权力来自参与权力关系的各个对手所支配的自由余地,行动者能否形成和发展他的权力取决于能否拥有一种自由余地,而这种自由余地与他在面对其对手时所能控制的‘不确定性领域’的重要性有密切关联。”(李友梅,2002：150－151)

虽然两种说法的视角不同,但都间接或直接地肯定了权力是一种关系。从韦伯的观点出发,支配者与从属者构成了基本的权力关系,在本文中,地方政府与移民之间的关系就是这种权力关系和权力差异的最直观体现。而克罗齐耶和费埃德贝格以及李友梅教授关于自由余地的观点则为本文提供了分析权力影响的一个视角。本文只是用“权力”去说明另一种现象,说明该种现象背后存在着的权力因素,以及这种权力因素是如何发挥作用的,或者权力是如何影响策略的选择的,而不是说明权力本身。

向上性意愿是本文另一个解释性概念,这一概念来自心理学的有关论述,指人们内心中具有的那种超越他人、胜过他人的意愿(费斯廷格,1959)。本文借用此概念一方面可以用以表达底层群体对上层社会的向往和追求,另一方面试图说明权力之所以具有效力,不仅是权力具有强制性,而且,还存在着人们对权力的迎合现象。或者说,从属者对于权力的服从,不仅具有被迫的成分,也带有主动的成分。

策略是本文的被解释概念。策略就是具体的方法、具体的手段,其含义是明确的。本文对策略的解释不是指解释其定义,而是揭示具体的方法和手段,即行动者在既有的权力格局前提下具有哪些具体的策略。

本研究在探讨冲突双方具体策略的同时,力图分析这些具体策略背后所具有的社会学意义。而这种分析是借助于“组织决策分析”

这个理论工具进行的。也就是说,本研究以"控制与保护,抗争与迎合"作为提炼、归纳经验事实的主要线索,以揭示和解释行动者的具体策略,以"组织决策分析"作为理论分析工具,探讨经验事实背后透析出的社会学意义。这里所谓的社会学意义,主要是指社会行动领域的建构:由行动者创造的行动领域制约着行动者的行动,而行动者之间的互动以及相应策略又引起行动领域的改变,行动领域是一个不断建构与再建构的过程,不同的行动者在建构中的作用是不同的;移民适应新的生活意味着局部秩序的建立。

"组织决策分析"是法国社会学家克罗齐耶和费埃德贝格在分析形式组织中提炼出来的一种分析方法或分析工具,费埃德贝格进而以重新定义组织的方式使其能运用于其他的社会领域。组织决策分析具有以下几个主要特点:

(1) 从行动的角度理解组织,把组织看做是对各方行动者行动的协调,由此突破传统的正式组织与非正式组织的二元划分。社会的主体是人,社会只能从其运作中加以理解和解释,只有在人的行动中才能理解和解释社会。组织,从动词的角度理解,含义相当于协调,是对行动的协调;从名词的角度理解,是指行动协调的结果,是一种秩序、一种结构。无论是正式组织还是非正式组织,关键因素都是协调行动者的行动。从协调的程度由"严密"到"松散"、从"强制"到"自由",构成了一个连续变化的序列,传统意义上的正式组织与非正式组织,只是处于这个序列的不同位置而已,区别在于协调的程度不同,或者说,只是控制"严密"的行动领域与控制"松散"的行动领域之间的区别(Erhard Friedberg,1998:2)。就此意义上讲,正式组织与非正式组织不存在本质的区别,正式组织与非正式组织在行动者的行动中统一了起来。从行动的角度理解组织,意味着在研究方法上可以共享同一套分析工具。

(2) 强调局部秩序的构造。行动是在一定的秩序或行动背景中展开的,行动既受秩序的制约,又在创造着秩序。社会的组织化过程,本质上是秩序的不断再构造过程。秩序由行动创造,由于行动者拥有的资源不同，行动者之间的权力关系不同，以及行动背景（包括起始背景）不同，行动者的自由余地也不同，由此导致行动者的行动具有不确定性，在此基础上构造的秩序同样具有不确定性（Erhard Friedberg，1998：2）。秩序的不确定性意味着秩序是特定的、具体的，具有局部性，或者说，行动者所构造的秩序就是局部秩序。强调局部秩序的另外一层含义是，对宏观社会结构的认识不能代替对具体行动领域的认识，其研究结论是具体的、特定的（Erhard Friedberg，1998：2）。

（3）强调行动者的决策，管理者或权力者当然是决策者，但不是唯一的决策者，凡是行动者都是决策者。行动者采取何种策略，依赖于他对行动背景的理解和判断，受制于他所拥有的资源，他是根据对行动背景的判断和其拥有的资源来选择行动的，就选择行动的意义上讲，每个行动者都是决策者（Erhard Friedberg，1998：3）。由此突出了行动者的能动性，说明行动领域或局部秩序是由各方行动者共同构建的。因此，分析局部秩序的构造，必须分析相关各方行动者的行动。

（4）将自由余地作为分析行动和行动者的核心概念。行动者拥有的资源越多或越重要，其行动的自由余地也越大，或者反过来，行动者的自由余地越大，说明其拥有的资源也越多。由此可以推论出自由余地反映了行动者在行动领域中的地位高低以及所拥有的权力大小（Erhard Friedberg，1998：3）。因此，每个行动者都在充分运用自己所拥有的资源努力扩展自己的自由余地，并力图限制其他行动者的自由余地，由此形成行动者之间的冲突与合作。自由余地以行动的不确定性或不可预期性表现出来，使得行动带有机会主义色彩（Erhard Friedberg，1998：3）。在一个特定的行动领域中，行动不确定性的程度反映了该领域的秩序。冲突与合作的结果是行动者的行动变得可以预期，在此基础上逐渐构建了相对稳定的游戏规则和“局部秩序”。

克罗齐耶和费埃德贝格以“组织决策分析”为工具，从行动者的角度分析了冲突与合作的一般模式。人们的行动总是发生在一定的背景之中的，总是受到背景的各种制约。克罗齐耶和费埃德贝格提出的行动领域概念，实质上是突破了传统意义上的组织范畴，它更为宽泛，包括了行动发生的一切背景，这样，可以从更广泛的意义上来探讨行动的控制和协调。但是，他们的研究对象主要还是局限在工业社会中的各类行动领域，特别是科层制意义上的组织，他们从组织分析中发展出的理论分析工具是否也能用于像农村这样结构相对松散的行动领域？

本研究将克罗齐耶和费埃德贝格在研究科层组织中发展起来的"组织决策分析"这套概念工具用于分析移民与当地政府发生互动的行动领域。从行动者的角度理解地方政府和移民群体，由行动者及其资源入手，围绕着各方行动者为扩大行动的自由余地而展开的冲突、抗争等博弈行动，分析行动者采取的策略以及这些策略在建构行动领域中的意义，进而探索行动领域中规则的建构与"局部秩序"的建构。

"组织决策分析"主要有以下几个分析性概念：自由余地、行动领域、局部秩序。对于这些抽象概念有必要作一明确定义；此外，对于本研究中的另外两个主要概念，移民和冲突，也需作一界定。

(1) 移民与工程移民。《辞海》中对"移民"一词的释义是：① 迁往国外某一地区永久定居的人；② 较大数量、有组织的人口迁移。与这两种释义相对应的英文词语分别为 immigration 和 resettlement。这里取后者的释义。

根据推动移民迁移的力量不同，移民一般分为自愿移民和非自愿移民两类。工程移民属于非自愿移民，是指出于工程建设的需要而迁往他处的移民，包括水利、电力、铁路、公路、机场、城建、工业、环保等工程的移民。水库工程移民是工程移民的一种，是指因兴建水库而引起的较大数量的、有组织的人口迁移。水库移民往往涉及整村、整乡、整县人口的大规模迁移，涉及移民社会经济系统的重建，因而更显示其独具的复杂性。从目前我国大型工程大都位于中西部地区这一事实来看,其所涉及的移民一般都是社会底层的群体。本研究中的“移民”特指因三峡工程建设而迁移的工程移民。

(2) 冲突。在一般的意义上,冲突是指一种公开的对抗性的行为方式,是指两个或两个以上的个人或团体存在着直接接触、以压倒对方为目的的社会行为。按照科赛的定义,冲突是价值观、信仰,以及稀少的地位、权力和资源分配上的斗争,在这一斗争中,一方的目的是企图中和、伤害或消除另一方(科赛,1956),科赛还补充说明冲突只要不涉及基本价值观或共同信念,其性质就不是破坏性的。此外,科赛还区分了现实性冲突和非现实性冲突,凡是以表达敌对情绪、发泄不满本身为目的的等行为都包含在非现实冲突中。本研究从更为宽泛的意义上来界定冲突,泛指移民行动者由于不适应移入地的生活或移民行动者主观上认定的利益缺损而导致的与移入地的其他行动者之间发生的不协调、不一致的行为,冲突的目的不一定在于压倒对方,而在于索取更多的利益,或者形成一种对己有利的态势。

(3) 自由余地。其基本意义是指行动的选择余地。由于行动者的行动选择余地依赖于他拥有的资源多寡,资源可以是政治上的、经济上的,也可以是基于行动者自身特点上的,如技能、文化程度等,自由余地是权力的一种来源,同时,行动者自由余地的大小也反映了行动者权力的大小,反映了行动者的地位。

(4) 行动领域。行动领域指行动者之间产生的各种互动以及由此形成的各种关系、社会体系,或各种社会关系及其特点的总和。行动领域既是行动发生的前提和背景,又是行动的产物。行动者的行动总是发生在一定背景之下的,总是受各种社会关系制约的,同时,行动者的行动又在改变着背景,改造着行动领域,行动者创造的行动领域反过来又成为行动的制约因素,成为新的行动背景。

(5) 局部秩序。费埃德贝格将行动发生的实际领域称为“局部秩序”(local order)。在费埃德贝格看来,局部秩序具有三层含义:① 现实中的组织总是受到社会制度、社会文化等社会宏观结构的影响,但是,宏观社会结构不可能决定一个组织的具体特征,在同样的社会结构之下，不同的组织都表现出各自不同的特点，每个组织都具有自己的特殊性，组织是具体的、局部的社会秩序。对宏观社会结构的认识不能代替对具体组织的认识。② 组织中人的活动是围绕着具体问题而展开的具体行动，问题不同，人的具体行动自然也不同。对于组织的认识必须结合组织的具体问题以及与之相应的具体行动。③ 由于每个行动者都具有一定的"自由余地"，其行动具有一定的投机性，以及由此导致的行动不确定性，即使同一个具体问题，在不同的组织中，在不同的行动者中，也会有不同的解决方案，有不同的具体行动。行动者的行动具有创造性，也具有任意性、随机性和因变性，却不存在其必然遵循的普遍法则。

行动领域、秩序、局部秩序实际上是从不同角度来说明同一对象，它们都是行动的背景、行动发生的"场所"，由行动所构造，又反过来制约着行动，只不过侧重点略有不同。行动领域偏重于一般意义上的行动背景，秩序强调了行动背景的组织程度，而局部秩序侧重于行动构造的结果，既凸显其中的秩序含义，又突出构造结果的具体性和特定性。

三、研究方法

本研究以移居上海的三峡移民作为研究对象，以实证研究的方法探讨移民落户以后与当地社会发生的冲突。在收集资料的方法上，主要采用个案访谈，辅之以问卷调查。以个案访谈法收集一些比较典型的事件，并了解移民和当地官员对这些事件的具体看法，问卷调查主要是了解一般情况，了解这些典型事件发生的背景。此外，也以文献法收集了一些相关的文献资料，包括移民安置的一些政策文件，文献资料主要用于解释和分析。

以三峡移民为研究对象，探讨其落户以后与当地社会发生的冲突，这一想法始于 2001 年。一个偶然的机会，笔者来到崇明，有幸听了崇明县副县长关于崇明安置三峡移民的经验介绍报告，对报告中介绍的移民安置方法、移民刚到崇明时发生的一些冲突事件以及当地政府的解决方法感触颇深，很有启发，感觉到这是一个值得研究的领域。此后，便开始有意识地收集一些移民及社会冲突的文献资料，在对这些资料不断梳理的基础上，最终确定将移民安置中发生的冲突问题作为研究对象。在随后的2002年至2003年，笔者与其他几位老师和研究生拜访了市移民办官员，听他们介绍了上海安置三峡移民的总的情况，并在他们的支持下，专程来到崇明、松江和南汇三个区县，对移居该地的部分三峡移民进行了实地调查。

资料收集的具体步骤是由当地移民办（区、县移民办）安排的。我们调查组人员每到一地，区或县移民办便召集乡镇移民办的干部与我们召开座谈会，由他们介绍落户本地区的移民情况，会上可以随便提问、讨论，然后在他们的安排与陪同下，来到移民的家中，总共调查了三个区县的59户移民，了解他们来到上海后的生活、工作等各方面的情况（原定调查60户，实际调查59户）。接受调查的移民主要是中年人，平均年龄41.5岁，其中男性40名，女性18名（有一名问卷上遗漏了性别）；一般说来，家庭的内外事务基本上都是这个年龄段的人负责处理的，他们对各方面的情况比家庭中的其他成员更熟悉。对于移民的调查主要是两种形式：一是按照事先拟定的问卷表作结构式访问，二是根据他们对问卷表中问题的回答不断地进行追问，了解他们生活工作中的深层问题。可以说，对这59户移民家庭的调查，既是59份问卷，也是59个个案。本研究主要是在这次调查的基础上完成的。

必须说明的是，本研究中的问卷调查没有按照概率抽样抽取样本。在区县的选择上，根据落户时间选取了崇明、南汇和松江三个区县，移民的落户时间分别为一年、两年和三年。调查对象由当地政府决定，选取的单位是村，某村一旦被选中，村中的每一户移民都成为调查对象，相当于整群抽样。不过，“群”不是随机抽取的，无法根据样本去精确推论总体，也就是说，不能依据问卷调查的结果去推论落户上海的三峡移民的整体情况，问卷调查的结果只能提供一种参考。

但是，本研究的目的不是说明全部移民的适应情况，只是关注具体的冲突事件，寻找具有特定意义的典型事件，探讨这些事件背后的社会学意义，依据的主要是个案调查资料而不是抽样调查资料，抽样调查资料在这里只是起一些补充说明作用，抽样的非随机性并不妨碍这一研究目的。

本研究的推论是从两个方向进行的：一是从高层次的概念到低层次的概念，"控制与保护，抗争与迎合"是一个高层次的概念，这一概念提出的依据主要是文献资料，已经在文献综述部分完成，然后以此作为支配者和从属者的总体性策略，作为研究的基本框架，在此框架下探讨具体的策略；另一是从经验事实到具体的策略，这是一个由个别到一般的归纳过程，即归纳调查资料，形成具体的概念，这一层次的分析构成了本研究的主体。

显然，这种归纳不可能是完全归纳，意味着从具体案例中不可能形成一个全称命题。单称结论的真能够证伪全称前提的真，却不能证实全称前提的真（波普，转引自《现代科学技术革命与当代社会》，274）。但是，本研究只是试图揭示某种行动方式或行动策略，只是证明其存在，在此基础上分析这种行动或策略产生的条件及其社会学意义，而不在于证明这种行动方式或行动策略的普遍性。

在对资料的解释方式上，本研究主要是从权力和向上性意愿两个方面来解释行动者的策略，从表面上看，用权力解释策略遵循的是"用一种社会事实解释另一种社会事实"的分析模式，但是，这里的权力和策略似乎并不完全符合涂尔干所界定的"社会事实"的含义，权力的行使和策略的选择都与行动者的主观动机有或多或少的联系；用向上性意志解释策略更是明显从行动者的主观动机来解释社会现象，显然，本研究是在"理解"社会行动，领悟社会行动背后的"意义"。研究的主题与材料决定了研究的基本方式。在基本方式上，本研究属于实地研究而不是定量研究，对社会行动的理解和解释是建立在个案资料上的，本文中的统计调查，只是用于补充说明，而不是用于解释或理解一种现象。

本研究的资料主要是调查资料，是通过询问调查对象得到的，这就涉及了研究资料的可靠性、真实性问题，也就是说，调查对象的回答是否真实。对于这类资料，大致可以分为两种：一种是事实性的问题，比如，曾经发生过的具体事件，对于此类资料，在调查时主要通过对不同调查对象的询问，以相互印证的方式予以核实；另一种是主观感受、态度方面的问题，对于此类问题，笔者认为，他们的回答可能不一定完全反映内心真实的意图，但从行为的角度看，它是“真实”的，因为就“回答”这个行动本身而言，它“真实”地发生了，虽然它可能不是真实意图的反映，甚至扭曲了真实的内在意图，但之所以扭曲，本身就是一种策略，本身就是本研究分析的对象。

第二章 控制与保护

崇明是长江与东海交汇处的一个岛屿,与上海宝山、浦东新区隔江相望,在行政区划上隶属上海。2000年8月17日,崇明作为上海接收三峡移民的试点地区,迎来了来自重庆市云阳县的第一批三峡移民150户,639人,揭开了上海安置三峡移民的帷幕。

在随后的2001年和2002年,包括崇明在内的上海七个区县——南汇、金山、奉贤、松江、青浦、嘉定——分别迎来了第二批、第三批来自云阳县的三峡移民。至此,上海总共安置三峡移民1305户,计5509人。

云阳县地处渝东平行岭谷区,全县人口125万,其中农业人口114万,农民人均(年)纯收入1754元,是典型的山区农业大县、人口大县、移民大县、财政贫困县(《上海市组团对重庆三峡库区移民安置工作的考察情况》,139)。来自这样贫困地区的移民群体,他们能否在新的土地上落地生根,平稳地融入当地社会,摆脱贫困?工程移民的特殊性进一步加深了人们的疑虑:他们来自同一个地区,具有共同的语言、共同的生活习惯,他们一起经过长途跋涉同时来到同一个地区,在陌生的环境中面临着几乎完全相同的问题,这些共同性加上工程移民迁移的集体性促使移民成为一个群体。他们的同时到来好比是在迁入地的原有社会结构中一夜之间突然增添了一种新的成分,地方社会这个原本相对平衡的系统如何把移民这个突然出现的外来成分平稳地整合进自身系统中,自然成为社会管理者首先关注的问题。

一、行动领域的科层化

移民大规模的到来是否会形成一种新的社会力量?对于社会管理者的地方政府而言,移民不能作为一种独立的社会力量存在,它不能游离于主流社会之外，必须整合到原有的社会结构之中。所谓不能游离于主流社会之外，主要是两个含义：一是移民不能沦为贫困群体，二是移民不能成为社会不稳定的因素。两者又是关联在一起的，前者往往是后者的重要原因，生活的贫困极易诱发社会冲突，成为社会不稳定的因素。迁移的非自愿性和集体性似乎又增添了移民与当地社会尤其是与当地政府发生冲突的可能性。如何防范冲突的发生，如何保障移民的生活，帮助移民适应，上海市政府早在移民到达的两年前就已经未雨绸缪，开始着手各种准备。

从行政体制上进行调整以适应移民的到来，无疑是上海市政府采取的最主要措施。

过去，在人民公社的体制下，我国农村的行政体制以公社、生产大队、生产小队的形式把农村中的家家户户都纳入到其中，形成了一个几乎是无所不包的巨大的科层制式的体系。其末端，就是散布在广大农村的无数农民。虽然它存在着诸如束缚农民积极性等的各种弊端，但是，它在控制方面的有效性却是无与伦比的，它通过生产队的大小队长以集体生产的方式有效地控制着农民，并将意识形态领域的宣传渗透到农民生活的方方面面，农民的一举一动，都在管理者的视野之中。随着人民公社的解体，生产大队、生产小队这些既似生产单位又似行政体制的组织也随之消失，农村行政体制的结构末端失去了科层制的特征，形成了由纯政府官员组成的行政体制直接面对农民个体的二层结构。这种结构带来的结果是降低了控制效率。有限的官员面对散布在广阔地域的无数农民个体，倘要像过去那样进行严密的控制与频繁的联系已显得力不从心。官员同农民的联系减少了，政府对农民的控制减弱了，来自意识形态领域的宣传与控制也随着改革开放的到来而弱化了。而对农民来说，二层结构使他们获得了极大的自由空间，他们的生活和工作再也不像过去那样受到生产队的处处约束。

然而，在这种松散的控制体系下安置大量移民，无论是从管理或控制的角度还是从帮助移民的角度，都显得有点不相适应。三峡移民是为三峡工程的建设而迁移的移民，在政府的动员下，他们离开了世代居住的家园，在政府的安置下，他们来到了这片陌生的土地。对于有责任感的政府而言，“安置”并不仅仅意味着只是找一个落户的地点，让他们在那儿以“适者生存”的方式自我适应当地的生活，而是要帮助他们适应，帮助他们解决适应过程中遇到的种种困难，同时也需要防范影响社会秩序的各种可能冲突，以保证社会的正常运作。可是，现有的二层结构既不能保证有效的控制，也难以实施有针对性的帮助。这意味着政府需要从结构或体制上作出某些相应的调整。

移民办这套行政体制就是在这样的背景下政府体制结构调整的结果。面对即将到来的三峡移民，上海市政府成立了“上海市安置三峡库区移民工作领导小组”，由上海市副市长冯国勤任组长，市府副秘书长姜光裕、周太彤任副组长，成员单位有市农委、市协作办、市计委、市财政局、市社保局、市法制办、市农工商等。领导小组下设办公室(简称移民办)，由领导小组各成员单位的职能部门负责人组成，市安置三峡移民工作领导小组成员、市农村党委副书记张祥明兼任领导小组办公室主任。

有安置任务的各区县同时设立区县级领导小组，直接受市移民办领导。其结构几乎是市领导小组的拷贝。以崇明县为例，县长顾国林任组长，副县长陆鸣任常务副组长，由县委政研室、县计委、建委、农委、商委、计生委、民政局、公安局、财政局等以及有接收任务的11个乡镇作为领导小组成员单位，其分管领导和乡镇长参加领导小组的工作。领导小组同样下设办公室，称为区或县移民办。(《崇明县安置三峡库区农村移民试点工作方案》,176)

区县移民办之下，再设立乡镇移民办。各级移民办主任，均由相应的政府部门领导人兼任，全面负责移民的各项事宜。

在市移民办关于安置移民的文件中，明确界定了各级移民办的职责：“坚持政府组织的原则，明确‘三级政府，分级负责’责任制，市、区县、乡镇政府有分工，有重点，市一级主要负责移民 5 500 人安置的总体规划，制定安置工作的方针、原则和政策，组织协调市有关部门的配合，讨论和决定移民安置工作中的重大问题，区县一级主要负责本辖区移民安置工作的组织实施和协调，落实安置乡镇，制定相关的具体政策，乡镇一级主要负责落实承包地、宅基地、建房等具体安置工作，对群众进行宣传教育，制定帮扶措施等。”（《对社会负责，对历史负责，对移民负责 认真细致地做好三峡移民安置工作》，165）

在乡镇移民办之下，是负有安置移民任务的各个村和村小组，虽然村长、村主任不属于政府官员，村委会也不隶属于乡镇移民办，但是，他们是在乡镇移民办的领导下或指导下负责本村移民的具体安置事务，他们的工作是移民安置工作的最终环节，因此，村长或村主任可算作“准”官员。此外，村中的一些党员或积极分子也经过动员协助村长或村主任开展安置移民的工作。至此，由市移民办、区县移民办、乡镇移民办，直至村、村小组形成了一条由上至下的层级体制（见图 1）。处在层级体制终端的是即将到来的三峡移民。

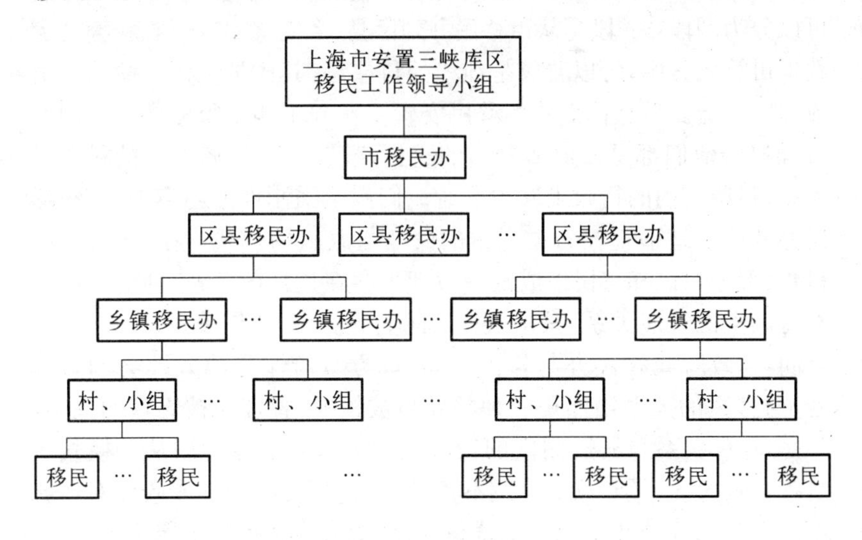

图 1 移民办层级体制结构图

从结构图上看这套层级体制很像科层制，它确实具有许多类似科层制的特点，但与韦伯所讲的科层制或组织管理学科中的科层制又有明显区别。

首先，它不是一个独立的体制，它只是原来政府行政体制内功能的进一步划分。就是说，在政府体制内，原来不存在安置移民的问题，不具有这方面的功能（职责部门），面对新的情况，在政府体制内作了功能上的调整，进行了功能上的重新划分，各级移民办是功能重新划分的结果，相当于政府体制内的一个"部门"或一个"科"，它是依附于政府体制的。其次，就这套体制本身而言，并没有在功能上作进一步划分。"科"是功能的划分，"层"是级别和地区范围的划分，从市移民办到区县移民办、乡镇移民办直至村、村小组，是明显的"层"的划分，但其内部功能上的划分并不明显，其人员都是兼职的，兼职人员大都是政府行政体制中各个部门的主要负责人，显然，它是调用了综合力量来负责移民安置的事务，更具有综合性，它有"层"却无"科"。第三，从体制对其成员的约束力或强制性来讲，这套层级体制可以分为两段：一段是从市移民办到区县、乡镇移民办，村、村委会大致也可算入其中，可以看成是纯粹的科层制，其成员大都是政府官员或"准"官员。虽然他们从事移民安置工作并不能获得额外的专门报酬，但是，他们都是政府体制内的成员，政府体制当属典型的科层制无疑，科层制内的行政隶属关系对他们产生强制性的约束力，各级移民办的关系是垂直权力关系中的命令与服从的模式。在另一段，由村长、部分村民和移民组成的一段却不存在这样的关系，他们之间没有行政上的隶属关系，只是水平层面上的协商、协作关系。而在两段之间，在政府或移民办与移民之间，地方政府作为地方社会的管理者，与移民的关系当然是一种领导与被领导、管理与被管理的关系，但是，这种关系与科层制内的行政隶属关系或命令与服从的模式还是存在较大的区别，只要移民不存在违法现象，移民办或政府对他就不具有强制性的约束力。也就是说，从约束力和行政隶属关系讲，这套层级体制的终端不是科层制，其终端不具有强制性的约束力。

上述层级体制同科层制存在着明显的区别，如果称其为科层制，那是曲解了科层制的原意，但是，可以将其理解为科层制特征的扩展和延伸，即这套层级体制将科层制的某些特征扩展或延伸到了社会分层等级体系中的最底层，它确定了其中行动者的“具体位置”和相互关系，使社会行动领域呈现出组织化、结构化的特征。层级体制的实质是将行动领域科层化了。

人们的行动总是发生在一定的背景之上的，总是受到各种因素的影响，凡是能对行动产生影响的因素都能成为行动背景的组成成分，包括特定的时空、特定的文化传统，也包含着人与人之间的各种关系，具体的影响因素是复杂的、多样的，但是，人与人之间的关系无疑是影响行为的最关键因素之一。行动领域的科层化就是将相关的行动者之间的关系以“位置”的方式相对“固定”下来，以“层”的方式“规定”了人与人之间的关系，并将这种关系纳入到了行动背景之中，使这种关系成为行动领域的一部分。

把行动领域理解为科层制，或把科层制理解为行动领域，无论从理论上还是实践上都是难以成立的，既不符合费埃德贝格关于行动领域的定义，也同韦伯的科层制概念大相径庭。但是，两者有一点却是共同的：它们都是行动得以发生的背景。科层制是特指组织的一种体制和结构，是按照“科”和“层”的划分来协调组织内的成员，借以实现对组织成员行为的控制，以达到提高效率的目的。它与组织的其他特征一起构成了制约组织成员的行动背景，或者说，组织成员的行动就是在这样的背景中产生的。社会行动同样有其产生的特定背景，影响社会行动的诸多因素规定着行动得以发生的范围和领域，这种背景也就成为行动领域，行动得以展开的领域。按照费埃德贝格的观点（Erhard Friedberg，1998：2），组织是支撑群体行动的背景，构成了人的行动领域。这种领域，既是行动的前提，也是行动的结果，同时，也是行动的协调过程。这样，从行动的角度讲，建筑在科层制基础上的组织与一般的行动领域没有什么本质区别，它们都是影响行动和行动得以发生和展开的背景，前者无非是后者的一个特例。

但在影响行动的程度上，却存在着明显的“严密”与“松散”、“强制”与“自由”的区别：科层制组织是一种控制比较严密、比较强制的行动背景，其成员必须服从组织内各种基于“科”、“层”之上的行政隶属关系和行政规定，而一般的行动领域则是一种比较松散、自由的行动背景，虽然行动领域中的行动者之间也大都具有水平层面的合作关系和垂直层面的地位差异等，但是，这些关系往往是不清晰的、模糊的，是否服从这种关系往往是随意的、自由的，一般都不具有强制性。

这种区别表明科层制组织是一种有效的控制手段。相比之下，一般的行动领域在控制方面远没有像科层制组织那样有效。在韦伯看来，科层制是最为理想的组织形态，任何有组织的团体，唯其实行“强制性的协调”，方能成为一个整体，并预言人类在以后的发展中将普遍采用这种组织结构(韦伯，1921)。

事实上，上海市政府为安置移民而进行的体制调整就是社会管理者将科层组织内的控制方式扩展到了社会领域中，在原本相对松散的行动领域中引入了科层制组织中的结构化、组织化的特征，使行动领域呈现出科层化，以此强化行动领域对行动者的制约作用。这种组织化、结构化特征构成了制约行动者的背景因素，既制约着移民的行动，也制约着官员的行动，目的是尽快将移民整合进当地社会之中。科层制以结构作为控制的手段和管理方式，为社会管理提供了一种借鉴：控制，并不是针对行动者的一言一行，而是通过结构化的方式完成的。由此可以引申出以下三个问题：

(1) 行动领域的科层化是强政府下社会整合的重要方式。地方政府选择科层化的方式建立社会控制体系，反映出地方政府是将科层化的方式视为社会管理的有效手段，是社会达到强制性协调的有效方式。处于强势地位的社会行动者(社会管理者)力图使行动领域具有组织化、结构化的特征，以科层化的方式创造一个高度组织化的社会环境，达到社会强制性整合的目的。虽然行动领域的科层化难以完全照搬组织中的科层制，无法像科层制组织那样能保证控制的有效性，对于底层也不具有科层制那样的强制性约束力，但是，它却是有效控制的前提，它至少是强化了上层对底层的“注视”，把移民放到了能够“辨认”、容易“辨认”的位置上。这种“注视”不仅包括对移民的“注视”，也包括对各层官员的“注视”，有助于官员行为的规范化。在这里，行动领域的科层化实际上是通过“注视”的方式将上层的权力和影响延伸到了社会底层，把下层纳入到了制度化的控制体系之内。通过这种由上至下的层层“注视”，下层的“举动”尽收眼底，官员的廉洁有了一定的保证，政府不但解决了直接面对移民个体的问题，而且能够及时发现冲突的苗子，加强相应的管理措施，防范可能的冲突，也能够及时发现移民生活中的困难，并借助这套层级体制实施对移民的保护，帮助移民适应。行动领域的科层化等于是将整个移民工作制度化了，无论是防范冲突还是帮助移民都有了制度上的保证。

(2) 毋庸置疑，行动领域包含着行动者有意识建构的成分。正如“科层制是一种‘人的建构’，是文化的产品”(Erhard Friedberg，1998：18)，行动领域的科层化，也是人们有意识建构的产物。这套科层化的控制体系，是地方政府利用绝对优势的政治资源和社会资源，按照自己对问题情境的理解，根据自己的意志而建构起来的。虽然每个行动者在行动领域的建构中都具有一定的作用，但是，决不意味着他们的作用是相同的，不同的行动者在建构行动领域中的作用根本不可同日而语、相提并论。社会上层，尤其是作为社会管理者的地方政府，在建构行动背景中的作用是决定性的，它掌控着社会秩序的设计。这是由行动者拥有的力量、资源决定的，这种力量和资源赋予行动者充分的行动自由余地，使它能够按照自己的意志设计社会秩序，有意识地建构行动领域。地方政府所建立的层级制，就是凭借着自身的权力和资源，以规定移民的具体移入地点、移入户数等方式从形式上把移民整合进了科层化的控制体系之内。底层社会根本不具备这种“建构”行动领域的能力，也不具有建构或调整行动领域的明确意图。虽然移民群体在以后与地方政府的互动中，可能会使地方政府作出某些妥协，作出某些调整，但是，从根本上讲，处于底层的移民群体在建构行动领域中的作用是微乎其微的。是否具有建构行动领域的意图,以及是否具有这种建构的能力,本身就是群体地位的反映,是一个群体是否属于强势群体的标志。

(3) 结构强化了权力的运用。布鲁默从符号互动论的观点出发,认为社会结构或社会组织不过是一个框架,"不过形成了一种人们得以在其中活动的情景,它不过为人们解释他们所处的情境提供了一套固定的符号,只是在此意义上它才参与并影响了人们的行动,成为人们行动的一部分"(H.布鲁默,1962:88)。这就是说,社会组织、社会制度、社会结构等之所以能影响人们的行动,是因为它们影响了人们对情境的定义。由此可以引申出:移民办这套体制的存在本身,直接影响到其中行动者包括移民对情境的理解和定义,进而影响到他们的行动,无论体制是否实际在"注视",只要移民认为自己处在"注视"之下,在行动上就会受到约束。

福柯在分析巴黎军官学校的管理制度时,发现每个学生的房间都有一个监视孔,由军官随时进行监视。学员不知道军官何时在监视,监视有可能是无时不在的。这样,监视就内化到学员的心中(米歇尔·福柯,2001)。福柯的"圆形监狱"更能说明建筑技术的发展增强了人们的控制能力,福柯说:"囚犯无法知道看守人是否在中间的堡内,所以他必须时刻注意自己的举止行为,好像监视是不间断的。……一旦囚犯永远不能肯定自己何时受到监视的话,他自己也就成了自己的看守者。"

培根曾有名言"知识就是力量",这句话同样可以解释为"知识就是权力"(knowledge is powerful),前者反映的是人与自然的关系,后者说明的是人与人之间的关系,也就是知识的运用给人带来了权力。而福柯关于权力的研究几乎是对此名言的注释。

但是,这种权力并不是权力本身,它只是权力的表征,人与人之间原本就具有的权力关系从知识或技术的运用中表现了出来,也就是知识或技术增强了权力行使的范畴和效力。就此意义上讲,组织结构或行动领域的建构同样带来了权力,结构的完善同样增强着"注视”能力，提高着控制能力。虽然与福柯所讲的情景相比，结构带来的权力似乎不如技术带来的权力有效，但这不是由结构或技术本身造成的，而是两种情景之下的权力关系是完全不同的，一种是监狱看守者与犯人的关系，另一种则是社会管理者与公民之间的关系。

如果抛开其中的具体权力关系，结构带来的权力与技术带来的权力在两个方面却是完全相同的。第一，两种权力都是由结构导致的，无非一种是“建筑”结构，另一种是“社会”结构。在福柯所讲的技术带来权力的情景中，实际上是技术通过完善“建筑结构”体现出权力的，是技术运用于建筑之中，改变了建筑的结构使之更适合于“监视”，而此处的结构是一种“社会结构”，是通过变更人与人之间的关系、确定人与人之间的“位置”关系来增强“注视”能力。结构对行动具有制约作用。第二，两种权力的产生都同“位置”相联系。从表面上看，存在着“位置”确定与否的区别，在福柯所讲的情景中，“位置”的不确定增强了权力，因为“囚犯无法知道看守人是否在中间的堡内，所以他必须时刻注意自己的举止行为，好像监视是不间断的”，而在此处情境中，“位置”的确定增强了权力（增强了“注视”能力）。但实际上两者是一致的，前者是支配者“位置”的不确定增强了支配者的权力，后者是从属者“位置”的确定增强了支配者的权力。也就是说，就“位置”的主体而言，“位置”的确定意味着削弱权力，不确定则增强权力。

不过，用“位置”来表达其中的权力并不确切，“位置”的背后，透析出的是一种行动能力，“位置”被确定实际上意味着行动被约束，是行动能力受到约束的表现，也就是说，能否限定对方的“位置”也就是能否限制对方的行动能力，能否使自己的“位置”不被限定也就是能否使自己的行动不被约束。行动能力不受约束是权力的特征，是权力意志的体现，如果行动能力受到约束，说明权力受到了限制。

这里的行动能力指的是行动的自主性，是行动者能否不受约束地充分自由地选择自己的行动，用克罗齐耶和费埃德贝格的概念，叫做行动的自由余地。行动者行动的目的就是力图扩大自己的自由余地，尽可能地限制对手的自由余地。权力由此而形成，也由此得到体现。福柯所讲情境中的权力，是支配者利用技术限制从属者的自由余地，此处所讲的权力，是支配者利用结构关系的变更限制从属者的自由余地，共同之处都在于限制对方的自由余地。

二、控制功能的强化

体制是静态的，其对行动的约束作用或控制作用是在体制的运作中体现出来的。由于移民办这套层级体制在其终端缺乏科层制所具有的那种强制性约束力，因此，在实际运作中，地方政府采取了一系列措施，尽力弥补这一缺陷。

(1) 通过移民对接工作严格审核移民资格，把住入住第一关，减少移民落户以后的管理难度或控制难度。

所谓移民对接，“主要指对移民资格和家庭情况进行审核，这是试点工作的关键性环节”(《上海市三峡库区安置移民试点工作情况总结》,155)。在第一批三峡移民落户崇明的对接工作中，上海市移民办不辞辛苦前后三次前赴云阳，共花了三个月的时间，分三批进行了对接。“第一批，于四月上旬，由于当地发动工作不够细致，有的移民家庭情况不够清楚，对接仅完成了111户、450人，占任务的75%，第二批，四月下旬市、县移民办再次赴云阳县对接，完成23户，114人，5月28日第三次对接，完成其余任务”(《上海市三峡库区安置移民试点工作情况总结》,155)。显然，移民办对对接工作是非常重视的，凡是不符合移居上海条件的移民，自然不能让其移居上海。那么，这些条件有哪些？上海移民办在与云阳县就移民问题协商时曾提出这样一些要求“凡有在职职工移民户，超生子女、合同制转换工比较多的移民户，不宜外迁安置”，“在当地从事二、三产业，收入水平较高的移民户，也不宜外迁安置”。可见，上海移民办在这方面的考虑是周密细致的：对移民的资格设置了一系列的条件，以此减少移民落户以后在对移民的管理中可能遇到的麻烦。

控制是一种双向的互动，控制的有效性不仅依赖控制的措施、控制者的行动，而且依赖被控制者的特性，包括被控制者的基本状况等因素。移民面对政府的安置措施，会提出一些什么要求，会作出怎样的反应，同其个人特性存在着一定的关联。如果他们总是提出一些挑剔的要求，并由此制造一些麻烦，对政府的管理或控制会带来一定的难度。在组织中，当组织对某些成员不满或某些成员不符组织要求时，组织可以以解雇的形式将其逐出，雇佣其他的人来替代那些被解雇的成员，解雇成为制约成员行为的手段。但是，如果该成员具有某种技能或能力，或由于其他某种因素，组织无法找到能够替换他的人时，那么，这项技能或能力便成为能与组织讨价还价的资源，也就是说，成员资格是否能被替换掉以及被替换的难易程度左右着成员服从组织的程度，不易被替换的成员具有较强的与组织讨价还价的能力，削弱了组织对其的约束力。与组织不同，一旦移民入住，其在该地区的居住资格便获得了永久性，与当地居民一样，任何人无权将其“逐出”。逐出的机会只有在入住以前，只要他们在移入地办理了落户手续，当地政府便无法像一个正式组织那样，可以将不称职或不满意的员工以辞退或解聘的形式逐出，或者像管理外来民工那样，对于证件不全者可以遣送原籍。当地政府不可能将当地人逐出当地。移民是“不可替换”的。不可替换性意味着只要移民没有触犯法律，地方政府对他就不具有强制性。强制性移入却不能将其强制性移出。不可替换性成为移民的一种资源，制约着地方管理者强制性手段的运用。因此，对移民资格的事先审核显得尤为重要，是移民安置“试点工作的关键性环节”(《上海市三峡库区安置移民试点工作情况总结》，156)，它可以减少未来管理中可能出现的后遗症。政府是将“对接”视为有效控制的前提条件。

(2) 以“分散安置”的方式进一步完善这套体制终端的科层制特征，提高控制的有效性。

“分散安置”是相对于“集中安置”而言的，即不是将全部移民集中在某几个村，甚至一个村安置，建立所谓的“移民村”，而是指将移民分散安置在不同的区县、不同的乡镇直至不同的村落中，一个村中只安置几户移民。比如，总共5 500名移民被安置在上海近郊的七个区、县中；在崇明，第一批移民总共150户、639人，被安置在11个乡镇、48个村、54个村民组中，每个乡镇安置移民13～14户，安置在3～4个村中，每个村安置在1～2个村民组，每个村民组安置2～3户(《崇明县安置三峡库区农村移民试点工作方案》,176)，这几户移民构成了层级体制的终端，使其在形式上更像科层制，由此强化了控制的效率。

分散安置具有的控制功能只要对照一下集中安置的情形便显而易见：

第一，分散安置加强了对移民的"注视"。在集中安置的情况下，面对集中在同一地区的成百户甚至上千户移民，"注视"无从谈起，甚至连"辨认"都会发生困难，移民个体被移民群体所淹没，个体的特殊性消失于群体的一致性之中。若从管理学的角度讲，分散安置方法解决了管理幅度过大而难以有效管理的问题。有效管理也就是有效控制。

第二，分散安置从空间上削弱了移民的"群体资源"。从"组织决策分析"的视角看，行动者的目的在于限制或削弱对手的自由余地，进而减少对方行动者行动的不确定性，使行动变得可预期，达到控制的目的。而自由余地依赖行动者拥有的资源，因而限制与削弱对手的资源成为确定自己行动的重要考虑因素，分散安置就是从空间上削弱移民所拥有的"群体资源"。

"群体"产生力量(power)，"群体"产生权力(power)，但是，群体的力量、群体的权力来自群体成员之间的频繁互动，来自群体成员在情感上和行为上的相互感染，而频繁互动和相互感染的重要前提是群体成员在空间上的相对集中，众多的具有相同背景、相同情感的人聚集在同一地区，一旦产生不满情绪，便能借助互动和感染在群体中迅速蔓延开来。移民来自相同的地区，具有相同的背景，这些共同点构筑了他们的群体基础，他们从群体中获得安全感、获得胆量，他们运用群体进行讨价还价，群体成为他们行动的资源。集中安置可以使他们充分发挥群体的力量与权力，增加了冲突发生的可能性和冲突的强度，一旦出现问题，往往会成为全局性的问题。分散安置减弱了移民之间的互动频率，使情感难以在移民全体中迅速蔓延，即使发生问题，由于群体之间缺乏直接的面对面作用，可以减少问题在全体中引起感染，问题总是个别性的，可以把问题控制在局部，降低冲突的强度。

市移民办的官员特地以安徽某地的集中安置为例说明了分散安置的好处：安徽某地专门建立了一个移民村，村民全都是来自三峡的移民。移民初来乍到，与当地社会发生一些摩擦，本来是很正常不过的事，但是，这种过于集中的安置方式往往促使小摩擦、小冲突的升温，出现群体骚动，在那里，就曾经发生过一起数千移民包围乡村政府的事件，使政府陷于被动，对社会造成不利影响。

在市移民办下发的有关文件中明确归纳了分散安置的有利之处："有利于移民的教育、管理，有利于安置地环境容量的安排，有利于原定的农村规划的实施，避免集中安置对原有社会结构影响过大的弊端，使原有的社会结构基本不受影响或影响很小。"(《上海市安置三峡库区农村移民试点工作方案》,117)

除此以外，分散安置还有利于将信息局限在一定范围。集中安置使移民个体被移民群体所淹没，分散安置则使移民个体淹没在当地居民之中。偌大的一个村子分散着几户移民，若没有当地人的指领，一个外来者很难找到，即使能够了解到一些情况，也大多是零碎的、片段的、个别的，了解总体情况的难度大为增加；对比集中安置的情况，一个外来者只要走进移民村，立刻就能感受到移民总体的情况。因此，在分散安置的情况下，如果出现问题，不仅可以减少移民之间的互动频率，将问题控制在局部，还有利于将问题可能具有的消极影响控制在最小范围，也可在一定程度上防止外界因素的推波助澜。

资源是权力的基础，权力是资源的运用。政府拥有的巨大资源可以使其削弱其他行动者的资源。"分散安置"的策略，实质上就是从空间上削弱移民的权力(资源)，以消除或减少不稳定的因素。然而，分散安置并不能完全消除移民集群的倾向，现代化交通工具和通信手段的普及缩短了人际之间的空间距离，他们利用本是作为生产工具的摩托车作为迅速集聚的交通工具，谁家有事，只需一个电话，大伙便蜂拥而至。技术的运用缩短了空间距离，使空间变小了，技术的运用增强了行动能力。在现代的技术条件下，分散安置的有效性受到了限制。

(3) 以"标准化"的工作方式强化了科层制"照章办事"的特征。科层制的重要特征是照章办事，对于个人的特殊需求是不予考虑的，一切都以效率为先。而移民办这套层级体制是从控制或防范冲突的角度强调"照章办事"的，对移民的各项具体安置，规定了完全标准化的做法，按统一的模式、统一的标准一视同仁地对待所有的移民，以此体现公平、公正，防止移民之间由于相互攀比而引发事端。

标准化的安置方式和管理方式体现在各个方面：① 标准化的建房标准，虽然建房的费用是从国家发放的移民安置补偿费中支取，属于移民自己的钱，但是，这些钱在上海是建不起房子的，上海市政府采取了补贴加无息贷款的方式解决移民的建房问题，并对贷款的数额和建房的面积作了统一的规定，比如，3 人及 3 人以下的家庭，建筑面积不超过 120 平方米；4 人及 4 人以上的家庭，建筑面积为 150 平方米；6 人及 6 人以上，建筑面积为 180 平方米(《关于长江三峡移民建房工程用地标准的意见》，193)。② 造价统一规定为每平方米建筑面积 550 元，贷款总额每户不超过 3 万元(《关于长江三峡移民建房工程用地标准的意见》，193)。③ 在责任田的分配中，无论男女老少，每人都是 1 亩承包地，1 分自留地，若想承包更多的地，将不能享受规定的各种补贴(《关于加强移民生产安置费和移民承包地补贴费使用管理的意见》，209)。

然而，许多事情无法像房屋面积、房屋造价或责任田那样可以从数量上作出精确的界定，无法做到严格的标准化，比如，对于工作安排,政府为每个家庭安排一个企业工作的名额,就名额数量而言是做到了标准化,每户一人,但工作有好坏之分,工资有高低之别。对于这类无法做到标准化的问题,当地政府采取了一项大概同人类历史一样悠久的解决方法——抓阄,在这种古老而又公平的方法面前,每个人都无话可说,对抓阄结果不满意的移民,只能怪罪运气。遇到诸如此类难以定夺的事情,往往采用抓阄的方法解决。

迄今为止,上海在七个区县安置了三批三峡移民,七个区县的经济发展水平是有差异的,如何安排才能防止移民之间的攀比?地区的安置既不能标准化,也无法完全按照抓阄方法解决,因为移民是分批到达的。为此,市移民办制定了两个原则:一是整建制迁入,将原来同一个村的移民全部安置在同一个区县中,不跨区县安置,这样可以减少攀比,而在同一区县内不同村组的安置上,采取抓阄的方法;二是在顺序安排上先差后好,第一批移民全部安置在上海各区县中发展速度相对最慢的崇明县,第二批除崇明县外,还安置在奉贤区、金山区和南汇区三个地区,第三批安置在嘉定、青浦、松江三个地区,这三个地区离市区最近,经济发达,松江是电子工业区,嘉定是汽车城,青浦是上海的旅游区,先差后好的安置顺序可使后迁入的移民感到满意,有利于安置工作的顺利进行。这两个原则有效地解决了安置中的攀比问题。

将避免移民之间的攀比作为防范冲突的重要措施,在移民办干部看来,理由是比较充分的。用他们的话说,移民绝对平均主义思想比较严重,容不得安置中的丝毫差别。工作中稍有考虑不周之处,没有做到完全一致,移民便会闹意见,要求政府解决。笔者在调查中所接触到的各级移民办干部,几乎全都举过一些由于攀比而与政府闹意见的例子。比如在崇明,一些村镇为使移民能尽快地正常生活,在他们到来前,便向他们赠送了锅碗瓢盆、餐桌、长凳、热水瓶之类的生活必需品,整整齐齐地摆放在他们的新居中。然而,这是捐助,不同的村镇捐助的数量自然会有所不同,于是,那些得到捐助少的移民便不高兴,感到吃亏了,找到移民办要求解决。在南汇,也是出于帮助移民，一家工厂为本村的移民打了几口井，其他村的移民知道后，就找到移民办，"他们有我们为什么没有？"要求政府解决。诸如此类的事绝不止这两起。本来是为移民办好事，却不料好事变坏事，引发了事端。为了避免不必要的矛盾和摩擦，移民办强调了标准化方式的必要性，若违背这种方式，即使是为移民做好事，也会受到限制。当然，移民办绝不是反对帮助移民，而是防止"帮助"引发攀比，引起不必要的事端。

标准化的方式是科层制中用以提高效率的手段，而在这里，标准化的方式成为防范冲突的手段。它以一视同仁、无视特殊性的方式使移民之间无从攀比，虽刻板却公正，这是在没有其他合理选择下保持公正、公平的简单方法。科层制的僵硬特性卓有成效地提高了控制效能，防范了许多不必要的冲突。

非标准化的措施给移民找到了一种"理由"："为什么他有我没有？"于是要求移民办予以解决。这是移民办始料不及的，办好事反而引起了事端。行动的结果出乎行动者原来的"预期"，初衷良好的行动带来了料想不到的结果。"料想不到"构成了行动领域中的一种不确定性，结果是移民具有"找政府解决"这样一种行动选择。以标准化的规定产生标准化的行动，达到标准化的结果，也就是减少或消除了行动领域所具有的不确定性，使行动结果变得可以预期，从而也排除了移民"找政府解决"这样一种行动选择，防范了可能发生的冲突。在这个过程中，行动选择是自由余地的体现，地方政府利用其拥有的自由余地规定了标准化的措施，目的就是控制移民行动的不确定性，限制移民行动的自由余地（防止移民"找政府解决"这种行动的可能性）。按照上海大学李友梅教授的观点，行动者若能运用其拥有的自由余地控制和支配不确定性，有效预测那些不确定性的行动者，也就获得了一个重要的权力来源（李友梅，2001：151）。这是说明了权力的原始形成。但是，反过来也同样成立，拥有权力的行动者就能运用其行动的自由余地去限制其他行动者的自由余地，有效地控制和支配不确定性，从而控制和支配其他的行动者。

从中引申出的意义就是：行动者行动的目的在于限制对方行动的自由余地。比如，使对方不具有“寻事”的理由及行动，使对方难以聚集在一起，使对方不敢“聚众闹事”等等，由此可以作这样的推论：能否限制住对方的自由余地就是控制是否有效的一个表现。

三、保护功能的完善

吴邦国在移民安置点的选择上有一个“三必须”原则的讲话：“一是必须选择经济水平比较高的地方，二是必须选择土地资源比较宽裕的地区，三是必须选择基础设施条件较好的地方。……无论是自然环境、基础设施条件，还是经济发展水平都优于三峡库区，……让移民亲身感受到比留在库区更有希望，更有奔头”（《吴邦国副总理在三峡工程重庆库区农村移民出市外迁现场会上的讲话》）。当成百万甚至上千万的中西部贫困地区农民涌入东部南方的发达地区，开始艰难地寻找他们的淘金梦、致富梦时，政府却主动把一部分三峡移民迁往我国的最大都市上海。从自然条件差的地区、社会经济发展发展相对落后的地区移居到自然条件好的地区和社会经济相对发达的地区，本身就体现了政府改善贫困群体的意图。

移民办这套体制在有效防范冲突的同时，也从根本上保护了移民的利益，它不仅具有防范和控制的功能，还具有保护和帮助移民的功能。比如，分散安置并不是仅仅出于控制的考虑，也有助于移民快速融合，方便移民生产、生活，同样也是一种保护。“安置点选择在村风、民风比较好，村级经济和农民生活水平在本乡镇中等以上的村组，使移民迁入以后，有良好的社会氛围和生活、生产环境，移民可以通过自身努力，较快地适应当地环境，逐步走上致富道路”（《上海市安置三峡库区农村移民试点工作方案》，117－118）。在选择安置点的时候，重点考虑了以下因素：“一是交通方便，公建配套设施比较完善，安置地离开公路相对较近，离开乡镇政府约 2～3 公里，而且方便移民就医和子女上学，安置地到医院、学校的距离比较近；二是方便移民耕作宅基地离承包地比较近”(同上)。

在移民办有关移民安置的一系列文件中,反复强调了对移民的帮扶:“移民落户后,在移民帮扶的方法上做到三个结合:一是条块结合,以块为主。县有关部门做好业务指导,乡镇具体负责。二是上下结合,以村为主。县、乡镇和村建立上下联动、分级负责的移民帮扶工作组织网络,使得移民的反映有人听、移民的困难有人解决、移民的帮扶工作有人做。三是帮扶结合,以扶为主。在移民落户初期着重于帮,在移民逐步适应后,着重于扶。在帮扶内容上着重三个方面:一是政治上关心,二是生活上帮助,三是生产上指导”(《崇明县安置三峡库区移民工作领导小组试点总结材料》,230)。

简单强调“控制”,并不是防范冲突的根本办法,“堵”或“防”能一时奏效,却非久远之策,根本方法是帮助移民,帮助他们尽快地适应当地的生活,帮助他们尽快地掌握有效的生活、生产技能,能够尽快地提高生活水平,走向致富之路。这套层级体制的保护功能主要体现在以下三个方面:

(1)形成了一套制度化的主动性保护机制。大凡制度化的东西都具有保护的功能,它在约束其成员的同时,也在保护着成员。比如在科层制中,其成员只要按规则行事,遵守制度,即使出现了差错,他也无须承担责任,遵守规则具有保护伞的作用,由此也导致了科层制僵化的弊端。而这里的保护与此不同,帮扶本身体现为一种制度,即对移民的关心和帮助成为一种制度。移民办以及村委会、村小组这套层级体制,事实上形成了一套相对制度化了的帮扶体系。而且,这套帮扶体系与一般的保险保障等制度又有明显区别,区别在于制度与制度保护的对象何者主动①。社会保险保障等制度大都是“人寻求制度的帮助”,是“人找制度”,制度是比较被动的,当事者遇到了麻烦或困难,若不去找制度,制度很少会主动找上来;而这套帮

① 制度的“主动”与“被动”的区分出自清华大学教授孙立平2003年给上海大学研究生的讲课内容,本文借用了这一区分。

扶体系却是“制度找人”，主动将关心和帮助送到移民手中。比如，移民还没有到达上海，当地村民和干部已经帮他们把该种的地种上；他们还没有抵达新居，各种生活必需品已经摆在新居中等待着他们。从制度上主动实施帮扶，更显示出当地政府对移民的关心。

(2) 具有强大的动员能力。移民办的官员本身就是由政府各职能部门的负责人兼任的，可以动员政府控制的各项资源帮扶移民，也能动员社会各方力量共同帮扶移民。

在第一批移民到达崇明时，市移民办会同民政部门发动部分中心城区和崇明县社会团体向移民赠送了大量的日常生活用品：全新的电饭锅、电水壶、电炒锅、热水瓶及锅碗瓢盆；向每户移民赠送一张餐桌、四条长凳、一台电扇；向每个上学的学生赠送一只书包和部分学习用品。

为了让移民赶上后季稻的收获季节，不误农时，移民办和村委会发动村民冒着8月份高温在移民到来前为移民在承包地上种上了秋季稻，在移民自留地上种上了毛豆等蔬菜。除了动员村民帮助移民种植庄稼外，还动员他们“户对户，户帮户”，指导移民种植蔬菜，传授种植的技能。

在政府的动员下，医疗卫生部门为每个移民进行了一次常规体检；学校老师走访了每个就读学生的家庭，了解学生学习情况；各个企业也在政府的要求下为移民提供了一定数量的就业岗位。

“动员”是不等同于“强制”的，但在有的时候却几乎就是强制。南汇区移民办在向我们介绍情况时讲了这样一件事：航头镇某移民在村主任的安排下进了一家私营企业工作，在食堂买菜烧菜。由于不了解当地人的口味，她按照自己的生活习惯专烧大肥肉，菜也烧得特别咸，职工们一片意见。老板见状，就要解雇她。村主任知道后，立即找到老板，态度强硬地对老板说：你必须留下她，不想留也得留。在此压力下，老板只得留下她。当然，这位移民烧菜的习惯很快改了过来，职工也逐渐满意起来。现在这位移民已写了入党申请报告。

（3）具有很大的亲和力。对移民的帮扶本身就是亲和力的体现，就此意义上讲，制度化的帮扶体系、动员社会各界前来帮助等等已足以说明这套体制的亲和力。但是，亲和力还表现在其他一些方面，用移民办官员的话讲，叫做“有情操作”。也许从关心移民家务事中更能看出这套层级体制所具有的亲和力。这是在崇明，我们在移民办干部的陪同下去调查一户移民，到了这户移民家门口时，隔壁的移民立刻迎了出来，热情地招呼着这位移民干部。我很好奇，在回来的路上问起了此事。他说“我帮他把老婆追了回来，他当然感谢我”。原来，这位移民是与其未婚妻一起来到上海的，来到上海后，他的未婚妻见识逐渐广了，接触的人多了，要求开始变了，并且开始对他愈益不满。更为严重的是，她的交往范围由广变为专一，与同厂的一位安徽民工来往日益密切，最后干脆不回家，连人都找不到了，搞得他以及他的一家人心急火燎。这时，这位移民办干部出面了，想方设法找到了他的未婚妻，费了好大的劲终于说服了她，使她回心转意又回到了家。本来，这类家庭琐事是外人不便多管的，也不会多管的，但当移民办干部帮助移民解决了这类家庭琐事，移民同官员的距离自然贴近了。

亲和力不仅表现在这套体制的运作中，而且，这套体制本身就力图表现出亲和力。在南汇，区移民办特意聘请一位移民进乡镇移民办工作，协助解决移民之间、移民与当地政府之间的纠纷。我们在南汇调查时，移民工作和移民的许多情况等都是这位移民代表向我们介绍的。这位移民，既是政府部门的一员（非正式的），又是移民中的一员，身兼两种身份，起着“中继者”的作用。在南汇的海沙村，有个移民党员也可能进村班子工作。由移民做移民的工作更容易了解和掌握移民的状况和思想动态，而且亲近自然，增添了层级制的亲和力。

这套体制直接使移民感受到了政府的诚意和帮助，也得到了他们的认可。当他们遇到困难时，首先找的是这套体制，即政府干部或移民干部。表1是问卷调查的一个结果(注：调查对象为59人，由于是多项选择，故合计数超过了59人)。

表1 “遇到困难找谁帮助”的问卷调查结果汇总

遇到困难找谁帮助	选择次数/人次	百分比/%
政府干部	33	37
移民干部	39	43
当地邻居	9	10
移民邻居	6	7
老乡亲戚	3	3
合　　计	90	100.0

由表1可以看出，当移民遇到困难时，选择找“政府干部”与“移民干部”的居首位，也就是说，在这套体制中，政府干部和移民干部成为移民的主要求助对象。耐人寻味的是“老乡亲戚”和“移民邻居”排名最后，还不如当地邻居。虽有远亲不如近邻之说，但在落户后的短短二三年之间，“近邻”的关系超过了“远亲”的关系，说明“近邻”是一个好邻居，而且，同为邻居，“移民邻居”也不如“当地邻居”，虽然个中原因很难讲清，但是，反映出当地居民对待移民确实比较友好。“移民对当地居民的评价”的问卷调查结果大致可以反映移民对当地居民的评价(见表2)。

表2 “移民对当地居民的评价”的问卷调查结果汇总

若遇到困难，当地居民会主动帮助你	人数/人	百分比/%
非常同意	10	17.9
比较同意	25	44.6
讲 不 清	11	19.6
不大同意	9	16.1
很不同意	1	1.8
合　　计	56	100.0

选择“非常同意”和“比较同意”的共占 62.5%。这是否在某种程度上意味着这套体制的作用已经渗透到了社会的最底层?

政府官员是怎么评价这套体制的?笔者在采访市移民办时曾问起对于新增的 2 000 多名移民,安置政策是否会作调整,如何调整。移民办官员的回答很干脆:不作调整,仍旧是原来的安置政策。这套体制,既是安置政策的执行主体,本身也是安置政策的体现。移民办官员的回答可从一个侧面说明这些安置政策——包括执行这些安置政策的体制——是有效的,政府是充分认同的。

四、控制的有效性

所有这一切,都在某种程度上意味着,借助于科层化的体系,国家权力不仅是渗透,而且是植根于社会的最底层。

我国历史上,国家政权对底层社会的渗透和影响上总是或多或少存在着一定的权力空白。“皇权不下县”是中国历史几千年的传统。学者于建嵘(于建嵘,2000)曾用具体的文献资料,说明了清朝代表王权的行政权力只抵达县一级。国家政权对底层社会的控制是薄弱的。但是,在我国的计划经济时代做到了对整个社会包括底层社会的彻底控制:在农村,以人民公社、生产大队、生产小队的形式把农村中的家家户户都纳入其中,形成了一个几乎是无所不包的巨大的科层制式的体系;在城市,人们获取生活来源的各种“单位”(职业组织)本身就是典型的科层制,同时,它们又相当于政府的一个部门,每个企业组织或事业组织都有其上级组织,如企业组织的上面有“公司”、“局”,从而被纳入到国家行政体制这个巨大的科层制内,处于国家政权的直接掌控之下。人民公社制和单位制在控制方面的共同特征是:第一,为每个人提供了一个明确的“位置”,即他从属于某大队、某小队或某“单位”;第二,集体活动进一步固定了这个“位置”,每个人都在确定的“位置”上参与群体的共同活动(集体工作),从而使成员之间能够“互相注视”,每个人的“位置”变得相对固定;第三,更为重要的是，具有有效的制约手段或控制手段。控制手段主要有两个方面：一是像一般的科层制那样以掌控生活来源为手段实施了控制，与一般的科层制略有不同的是其中的成员一般不可能被解雇，但也不可能主动离开另找谋生手段，主动离开几乎意味着没有生路，他依赖这个体制生活，这种依赖提高了控制的力量；二是来自意识形态领域的控制，尤其是在“文化大革命”时期，任何偏离意识形态的行为，都将在“阶级斗争新动向”、“阶级斗争一抓就灵”、“很批资产阶级法权”等话语的支配下遭到严厉的批判，来自意识形态领域的控制不仅控制着行动，而且力图控制思想，在“斗私批修”、“很批私心一闪念”、“很批灵魂深处的私心杂念”等话语下，人们的思想得到洗涤，控制不仅是外在的强制，而且力图植根于思想深处。意识形态的话语在整个国家机器的全力宣传下，在各级组织的不断动员和强化下，渗透到了社会生活的方方面面，为社会控制提供了强有力的思想工具，既为控制提供了手段，也为各种控制提供了合法性和正当性的依据，直接制约着行动。但是，这几乎是一种“准”军事化的控制方式，是以丧失个人自由为代价的控制。

社会转型以后，随着农村人民公社的解体，国家权力以县、乡镇、村的形式管理着广大的农村，权力虽然渗透到了社会底层，但有限的官员面对无数分散的农民个体，出现了某种程度的权力空白，权力的控制作用减弱了。针对移民安置而建立的各级移民办实际上就是在这样的背景下科层化体系的重建，但是，仅仅依靠一套类似于科层化的体制是难以做到真正的控制的。对照人民公社或“单位制”的情况，有效的控制除了需要科层化的体制外，还需要有成员的共同活动，共同活动使成员在相同的时间出现在相同的空间，使得相应的监控变得容易，而且，成员之间本身会产生一定程度的相互监督，另外，共同活动（劳动）成为生活的来源，剥夺劳动的权利是职业组织中约束其成员的最有效手段。但是，在活动形式多元化、个体化，活动选择个性化的条件下，上述基于共同活动基础上的约束条件均不复存在，使得科层化的监管体制徒具形式，它不能限制公民的权利，只要公民不违法，它就不能加以干涉。这套科层化的体制只是把移民放到了一个特定的"位置"，位置只是静态的，由于移民生产劳动的多样性与自主性，移民的活动是分散的，致使其"注视"的功能也不是非常完善，移民办并不掌控移民的生活，移民的生活依靠自己的打工或其他经营，不依赖移民办，因此，移民办不具有像科层组织对其成员那样约束力和控制力。就此意义上讲，这套体制只具有"注视"的功能，其作用是防范可能的冲突，不具有强制意义上的控制功能，体现出的不是强制性，而是防范性。

帮扶在这里起到了弥补的作用。南汇区移民办在介绍他们的工作经验时，谈到了他们成立专门的帮扶小组以帮助移民："对每户移民我们都成立一个帮扶小组，帮扶小组有 4 人组成，分别来自不同的部门，一是镇干部，二是村干部，三是群众党员，四是派出所民警，这样，移民的困难能及时得到帮助。"帮扶小组的成员构成足以说明其具有帮扶与控制的双重功能，他们能够给予移民最大的帮扶，同样也能够有效地防范可能发生的冲突。

一方面，帮扶小组强化了控制中的"注视"；另一方面，各种形式的帮扶实实在在地解决了移民在生活中遇到的各种困难，它以帮助解决移民困难的方式取得了移民的认同，弥补了这套体制缺乏有效控制手段的不足。正是由于帮助和保护了移民的利益，才发挥了控制的功能，使得控制不是以外部力量的强制方式完成，而是以移民对官员的认可这种内在的方式达到控制的目的。就此意义上，帮扶客观上成为控制的手段，帮扶解决了移民的困难，由此削弱了冲突的根源，帮扶中建立起来的良好人际关系，溶化着抵制的意图，帮扶中又能及时了解移民的思想动态和情绪状况，可以及时发现冲突的苗子，防范冲突的发生。

控制的目的是为了形成和维持一个良好的社会秩序，保持社会的稳定，而充分保护移民的利益，帮助他们尽快适应新的生活是保持当地社会稳定的重要条件，保护有助于控制。缺乏保护的控制只能是一种强制和压制，很难从根本上保证社会的秩序。保护与控制是交织在一起的。帮扶是控制的手段，帮扶又是控制的目的，移民办这套层级体制兼具控制和保护两种功能。实际上，政府通过移民办这套体制对移民这个特别的群体进行了特别的“关照”，取得的效果是明显的，从第一批三峡移民从重庆云阳落户上海崇明的那天起，三年多过去了，移民的数量从最初的 600 多人增加到了 5 500 多人，安置移民的地方从崇明一个县扩大到了上海近郊的七个区县，移民们在这片新的土地上平静地生活着，与当地政府之间的重大冲突事件并未发生。

上述讨论都是针对范围很小的一个特定情境，在这样一个局部的小范围内，行动领域科层化的作用得到了充分的展现。但缺陷也很明显，其行政运作成本非常高，全部移民都要处在“注视”之下，决定了“注视”者的人数也必然是庞大的。由于各级移民办的官员都是兼职的，并不增加这套体制的行政运作成本，但是，当将这种模式推广到大范围时，兼职的方式显然不行，这意味着官员数量的增加，由此带来的行政运作成本是难以承受的。事实上，即使在目前的小范围内，这套体制也是暂时性的，随着移民的逐渐适应，这套体制也将完成它的使命。

第三章　抗争与迎合

在三峡工程建设的紧锣密鼓声中，移居上海的三峡库区移民在政府的动员和组织下，按照迁移的时间表开始一批批地离开自己的家乡。他们告别了世代居住的土地，怀着对过去的留恋和对未来的憧憬，踏上了陌生的土地。

他们企盼着有一个满意的新居，企盼着有一块肥沃的自留地，有一份收入不菲的工作，再有一份可供支配的闲钱……总之，他们企盼着生活能比过去好一些。然而，由于是新来乍到，一切都还没有适应，迁移带来的初期不适应使一些移民产生了不满，在他们看来，新的生活并没有想象中的那么美好，政府对此是有一份责任的。因为是政府把他们搬迁到这里的，政府当然有责任把他们安置得更好一些。当地政府由此成为移民利益的索求对象。移民与政府之间形成了直接的互动，孕育着发生冲突的可能性。无论从哪个角度看，移民在这场冲突中无疑处于弱者的地位。冲突对于弱者而言，实质上就是对强者的抗争。弱者的地位以及工程移民的特殊身份决定了移民在抗争的策略上具有独特的地方。

一、冲突的背景

移民与地方政府的互动主要是围绕着迁移补偿的问题展开的。

工程移民也称非自愿移民，“非自愿”无非是“被强制”的婉转表达法。就是说，他们没有离开自己的家乡、迁往他处的意愿，更没有这方面的打算，然而，工程建设需要征用这片土地，凡在这片土地上生活的人无论愿意与否都必须在某一期限内迁出，否则，工程便无法按期开工。同样，工程对这批迁出的人需要赔偿损失，对这批人今后的生活需要安置。然而，在这种外部压力下的非自愿迁移，补偿的标准不像"一赔一"那么简单，无法用"等价交换"的方式来计算，应该要考虑迁移带来的无形损失以及迁移的"非自愿"的因素。

政府的补偿政策充分考虑到了这些因素，平均每个移民获得的补偿是3万元左右。在这3万元中，包括补偿移民各项实际损失的财产，每个移民户的实际补偿费根据淹没实物指标测算，平均每人为5 614元(《国务院三峡工程建设委员会移民开发局关于三峡工程重庆库区农村移民出市外迁安置资金构成和发放使用的通告》，92页)，就物质损失而言，国家规定的补偿远远超过了移民的实际损失。连当时的国务院副总理吴邦国都这么说，"这是一笔不小的资金，在江苏1万多元就能盖3间瓦房，3 000元可将一亩滩涂地改造成良田"(《吴邦国副总理在三峡工程重庆库区农村移民出市外迁现场会上的讲话》，32)。他在外迁现场会上有这么一段话："我们可以作一个比较：1998年长江流域大洪水之后，国家给移民建镇的费用是每个农户1.5万元，如果按一户三口人计算，人均5 000元。三峡库区外迁移民补偿资金加上国家补助是每人3万元。"显然，超出移民实际被淹没实物部分的补偿，实质上是考虑到了迁移带来的无形损失。

由于上海的生活费用相对较高，建房成本也较高，上海市政府又在国家规定的标准外，根据上海的实际情况作了一定的额外补助，如提供无息贷款帮助移民造房等等；上海市政府还在农业安置的基础上，为移民提供了大量的就业岗位，使移民能够顺利地度过最初的适应期。

移民的利益没有被剥夺，移民的生活和工作得到了基本的保障，移民从总体上是感到满意的，这种满意可以从他们到上海以后的生活感受中反映出来，表3是问卷调查的结果。

问题虽是两个,但两个问题的性质是相同的,调查结果也大同小异,对现在生活感到满意的人数大大超过不满意的人数。基本生活的保障消除了大量冲突的隐患,三年多来,具有社会影响、社会后果的重大冲突事件没有发生过,没有出现过上访,没有发生过聚众闹事。这一点,在与移民的交谈中和对当地干部的采访中都得到了证实。

表3 移民移居上海后的生活感受问卷调查结果汇总

对来上海后的生活总的是否满意			是否赞同"我们对目前的生活非常满意"		
	人数/人	百分比/%		人数/人	百分比/%
满　意	28	49.1	同　意	33	60.0
一　般	22	38.6	讲不清	10	18.2
不满意	7	12.3	不同意	12	21.8
合　计	57	100.0	合　计	55	100.0

但是,表3中同样反映出有小部分人并不满意,采访中也了解到冲突现象偶有发生。既有移民与当地干部之间的争执,也有移民与当地居民之间的纠纷,虽然大多发生在个人之间,而且也不多见,但毕竟说明冲突是存在的。

假如把"不满"看做是导致冲突的一个原因,那么,移民究竟对哪些方面感到不满?表4是关于"不满"的一个调查结果。

表4 移民不满因素问卷调查结果汇总

哪些方面不满意	选择次数/人次	百分比/%
收　入	34	30.90
住　房	11	10.00
本人工作	18	16.36
子女工作	7	6.36
就　医	25	22.73
责任田	4	3.64
子女教育	3	2.73
与当地居民的关系	4	3.64
其　他	4	3.64
合　计	110	100.00

对于“收入”的“不满”位居第一，其次为“就医”，“本人工作”列于第三。对于“就医”的不满主要是上海的就医费用远远高于移民老家，这三项归结起来都是一个经济问题，加上“子女工作”一项，可以说移民的不满主要集中于经济方面。

从国家规定看，补偿标准是比较高的，达到了每人 3 万元，但是，仔细考察补偿资金的细目表（见表 5），可以发现移民直接到手的现金并不是很充裕。

表 5　三峡工程重庆库区农村移民出市外迁安置资金表

（单位：元/人）

<table>
<tr><th colspan="3">项　　目</th><th>规划内补偿</th><th>外迁补助</th><th>小计金额</th></tr>
<tr><td rowspan="3">集体</td><td>迁入地</td><td>生产安置费、基础设施费、管理补助费</td><td>14 694</td><td>1 473</td><td>16 167</td></tr>
<tr><td>迁出地</td><td>搬迁运输费、出重庆市长途运输补助费</td><td>682</td><td>600</td><td>1 282</td></tr>
<tr><td colspan="2">合　计</td><td colspan="3">17 449</td></tr>
<tr><td colspan="3">困难户补助费</td><td></td><td>853</td><td>853</td></tr>
<tr><td rowspan="7">移民个人</td><td rowspan="3">迁出地发放</td><td>房屋及附属设施补偿费</td><td rowspan="2">▲</td><td rowspan="2">2 480</td><td rowspan="3">3 038
＋
▲</td></tr>
<tr><td>零星果木补偿费</td></tr>
<tr><td>搬迁损失费、误工补助费</td><td>558</td><td></td></tr>
<tr><td rowspan="2">迁入地发放</td><td>过渡期生活补助费</td><td>930</td><td rowspan="2">2 945</td><td rowspan="2">3 875</td></tr>
<tr><td>生产资料购置补助费</td><td></td></tr>
<tr><td colspan="2">合　计</td><td colspan="3">6 913＋▲</td></tr>
<tr><td colspan="5">▲ 重庆库区五个迁出县农村移民房屋及附属设施补偿费、零星果木补偿费合计人均 5 614 元。每个移民户的实际补偿费根据淹没实物指标测算。</td></tr>
</table>

摘自：《国务院三峡工程建设委员会移民开发局关于三峡工程重庆库区农村移民出市外迁安置资金构成和发放使用的通告》，第 92 页。

"集体"一栏中的17 449元是发给迁入和迁出地政府用于安置和迁移移民的费用。在"移民个人"栏目中,具体项目费用的发放均有明确的规定:"外迁移民委托迁入地政府通建或代建住房的,迁出地政府可根据委托协议,代移民将上述资金(指迁出地发放的三项资金3 038+▲元,笔者注)直接拨付迁入地政府";外迁移民"困难户补助费"853元/人由迁入地政府掌握,统筹用于困难移民户的建房补助和生产生活补助,不得平均分配。"过渡期生活补助费必须按月发放。生产资料购置补助费在移民搬迁到达迁入地后的1个月内发放"。

按照表5计算,移民能一次性直接到手的现金是"生产资料购置补助费"一项,2 945元/人,按照一户三口计算,将近9 000元。这些钱主要用于购买生产用具,在购买了生产用具之后,所剩不会很多。此外,新安置一个家总要添置一些家什用品,也要花去不少钱。

当一切都安顿以后,一些移民发现手上的钱差不多用完了,另一方面,工作的收入并不高,有些移民的工作甚至还不稳定,政府每月发放的补助只够糊口,地里的庄稼要到明年才会有收成,生活环境的变化使过去擅长的挣钱之法在新的环境中已无用武之地。新的生活没有想象中的那么美好,甚至有些人觉得还不如原来的生活。摸着口袋里所剩无几的几个钱,心中的不满油然而生。

在一些移民看来,房子本身就是有的,工作在老家也是有的,到了新的地方,无非是换了一套房子,换了一种工作,并没有多出什么来,迁移,只是意味着从一个地方搬到了另一个地方,并没有带来经济上的实惠,在访谈中有移民说"我们原来生活得很安心,现在心里却变得不踏实了"。这种情况在崇明表现得更明显一些。尤其是2002年4月在对落户崇明的移民调查中,听到的声音普遍是"没有钱","要想办法弄钱"。

移民的生活是拮据的,当地居民的生活也同样是很简朴的,但双方的归因并不相同，在当地农民看来，这种拮据的生活长期以来一直如此，而且现在的生活比过去已经有了很大改善，他们将目前的简朴生活看成是正常不过的事，农民就是贫困的；但在移民看来，迁移至上海是改善生活的一个机会，虽然在政府的补偿和扶持之下，他们的生活水平在总体上已经高于移居前，但是，在一些移民看来，改善的程度并没有达到原来的预期。

问卷调查中发现，相当一部分移民原来抱有比较高的预期，他们感到现在的生活不如原来想象的，结果见表 6。

表 6　现在生活与原来想象之间的比较

现在生活与原来想象相比	人数/人	百分比/%
比想象好	11	19.0
与想象差不多	25	43.1
比想象差	22	37.9
合　计	58	100.0

表 6 中，43.1%的人想象是比较客观的，37.9%的人想象比较高，19.0%的人想象过低了，想象过高的人比想象过低的人多了近 1 倍。进一步的统计分析可以发现，期望的高低同对现在的生活满意与否存在着一定的关联，表 7、表 8 是对两者进行交互分析的结果。

表 7　“态度”与“原来想象”之间的交互分析　（单位：人）

		现在的生活与原来想象相比			
		比想象好	与想象差不多	比想象差	合计
是否赞同“我们对目前的生活非常满意”	同　意	11	15	7	33
	讲不清	0	5	5	10
	不同意	0	5	7	12
	合　计	11	25	19	55

注：χ^2 值对应的概率为 0.019。

表8 “满意”与“原来想象”之间的交互分析 （单位：人）

		现在的生活与原来想象相比			
		比想象好	与想象差不多	比想象差	合计
对来上海后的生活总的来讲是否满意	满 意	10	13	5	28
	一 般	1	11	10	22
	不满意	0	0	6	6
	合 计	11	24	21	56

注：χ^2 值对应的概率为 0.001。

表 7、表 8 中的数据有一个特点，对现在生活感到不很满意的人主要集中在现在的生活“比想象差”的人中，感到满意的人主要集中在“比想象好”中。假设检验的 χ^2 值对应的概率分别为 0.019 和 0.001，小于常用的显著性水平 0.05，表明两者之间存在一定的相关性。

人们对经济利益的追求是没有止境的，任何一个水平上的追求，若没有达到预期目标，都会带来不满。移民的不满主要不是因为补偿条件本身，而是补偿条件没有达到一些人的预期水平。

工程移民区别于其他移民的主要地方是迁移的“非自愿性”，非自愿性提高了对利益的预期。在本来的情况下，“非自愿性”可以成为移民就补偿问题进行讨价还价的手段。打个比方，假定某人拥有的某商品市场价格为 5 万元，如果他急于想找到买主出售，成交的价格必然会低于 5 万元；若有人相中了他的这份财产，而他根本没有出售的意愿，则他可以以不交易为由来提高价格，购买者必须以高出市场价的价格使对方愿意卖，高出部分购买的是对方的“愿意”，即补偿人们不愿交易而“被迫交易”的损失，这时的交易是自愿的，否则，交易就带有强制性。显然，购买者越是急于想购买，他越会表现出“不愿意”，购买者就此付出的价格就会越高。

如果把迁移的补偿类比于这样的交易，那么，这个交易价格就包含了使其“愿意迁移”的因素，补偿包括两个部分：第一部分是移民的损失，第二部分是“愿意迁移”的费用。然而，这两个部分都是难以计算的：“移民的损失”不仅包括有形的物质价值，如房屋、田产等等，还包括各种无形的损失，如原来的技能不适用了，移入地的生活无法适应，等等，若说有形物质的损失还存在着比较客观的评估依据，那么，“无形损失”的主观成分明显要多；至于“愿意迁移”更是一个说不清的问题。

迁移损失的难以计算本来可以为移民提供充分的行动自由余地，为移民提出自己的各种要求提供一定的依据，使其在这场利益谈判的讨价还价中占据主动地位。然而，这是在不存在任何可参照的补偿标准前提下，不存在任何权威的前提下可能出现的假设情景，实际上是不可能出现的。

经济建设总是为了获取一定的经济收益，在市场经济中，谁能从中获益谁自然就负有相应的职责。在工程建设中，当需要将工程范围内的居民迁往他处时，居民的迁移、安置和补偿理所当然地是工程负责部门的事，移民的直接互动对象应该是工程项目的负责部门，双方就迁移的安置、补偿等事宜通过协商、谈判达成协议。当协商不成或无法协商时，诉诸于法律或由政府仲裁。政府是以第三者的身份调解或仲裁双方之间争端的。然而，三峡工程却是国家项目，其负责者就是政府：迁移的动员者是政府，迁移的实施者和执行者也是政府，负责迁移安置的还是政府。利益的谈判、安置的补偿等等直接发生在移民与地方政府之间。政府是社会不同群体利益之间的仲裁者，它本应超越于社会各个利益集团之上，而现在政府不仅是一个仲裁者，也是一个行动者，从而将自己置身于与移民的直接互动之中。

政府一方面作为行动者与移民就迁移补偿（利益）进行协商、谈判，另一方面又以仲裁者的身份对补偿的标准作出了明确的统一规定。政府的规定就是国家的规定，就是合理的标准，具有法律的性质，是最终的仲裁。它确立了一个框架，使移民和地方政府之间关于补偿的“讨价还价”有了一个范围和标准，补偿的数额只能在国家规定的有限范围内波动。由此大大简化了补偿的“谈判”。凡是超出国家规定的要求都是不合法的，也是没有协商余地的。本来移民可以以“不交易”的方式迫使对方让步，达到提高交易价格的目的，现在，他的交易对象是国家，在国家权威面前，移民失去了讨价还价的能力。除非有充足的理由，否则，即使对补偿条件不满，他也必须接受迁移的条件。政府的仲裁者身份限制了移民讨价还价的能力，也阻止了移民提出各种过分的要求，移民在这场谈判中的自由余地所剩无几，“不愿迁移”已经无法作为讨价还价的手段来运用。他只能在国家规定的有限范围内提出自己的要求，获取高额补偿的念头成为泡影。

在这场利益的“谈判”中，移民的利益未被剥夺，国家的补偿标准充分保障了移民的利益。但是，移民的迁移的自由被剥夺了。迁移自由的剥夺表现在两个方面：一是必须迁移，否则国家工程无法按期开工；二是限制了移民讨价还价的自由余地。工程移民的非自愿性不仅表现为迁移是由外部力量造成的，更表现为国家规定的迁移条件是必须接受的。迁移的非自愿性孕育着发生冲突的可能性。

围绕着迁移的补偿而在移民与政府之间产生的协商和谈判并没有随着移民落户移入地而结束，而是换了一种方式仍在延续着。比如，像工作安排等只能在落户以后才能安置。从“三峡工程重庆库区农村移民出市外迁安置资金表”中也可以看到，许多补偿项目是在移民落户以后兑现的。移入地的安置是迁移补偿的一个部分，是迁移补偿的延续。围绕着补偿问题的协议结果以政府承诺的形式带到了移入地，迁移的非自愿性在移民与政府之间似乎形成了一种“责任”关系。移居到一个新地方生活，起初都会有不适应，都会遇到一定的困难，但是，由于迁移是政府的要求，于是，造成这一切的责任便归咎到政府身上，当某种要求没有达到时，移民便会产生不满，很自然地会将迁入地政府作为利益索取的对象。不满转化为对当地政府履行责任程度的斤斤计较。

移民与政府之间的互动就是在这样的背景之下展开的。

二、抗争的形式

无论移民办的工作多么细致周到，层级体制的控制与保护功能多么有效，都无法消除移民与当地居民之间在生活习惯、生活方式等方面的差异，无法改变三峡移民是非自愿性移民这一事实，移入地和移出地两地之间的差异加上非自愿性迁移所具有的特点决定了冲突不可能完全避免。

而冲突以什么形式出现、以什么方式展开，很大程度上同行动者拥有的资源相关。

从移民方面讲，移民几乎不拥有可资利用的社会、政治、经济等资源，他们来自贫困的山区，以务农为主，有些人从事一些农副产品的买卖，也有一些人外出打工。这种职业分布表明他们都处于社会的底层。从其自身素质看，他们原来在职业生涯中形成的职业技能在新的环境中大都已经不适用了，面临着重新学习、重新掌握的问题；而他们的文化程度更是凸显出弱势群体的特征，他们绝大部分是小学和初中，几乎没有大专以上文化程度的，倒有不少目不识丁的文盲。在入户调查的59户对象中，就户主的文化程度而言，有24人为小学，28人为初中，1人为文盲，高中的只有6人，其配偶的文化程度与此基本相似，4人是文盲，26人为小学，初中24人，高中仅有3人（合计57人）。移民的文化素质由此可见一斑。

作为互动的另一方地方政府，他们是地方社会的管理者，是国家权力在地方社会的体现和代表，无疑拥有着地方的政治、经济、社会等各项资源。行动者双方在拥有的资源和具有的行动自由余地等各方面都是极不对称的，一方处于地方社会的最上层，另一方则是社会最底层。当然，任何行动者与政府行动者相比，都处于劣势的地位，但移民的劣势不仅仅是相对意义上的，它处在社会的最底层，它只能在政府规定的框架中行动，移民与政府的关系是一种管理与被管理的关系，这种强弱差异明显格局下的互动与实力相当的对手之间的博弈和讨价还价存在着明显的区别，期间，作为弱者的一方不存在与其他群体“结盟”、“联合”的可能，没有什么“纵横捭阖”。用“博弈”来形容底层群体与上层管理者之间的互动明显夸张了，他们远不够资格同政府“弈”，他们没有可资利用的资源，没有有力的回击手段，他们不可能挑战权力，也不具有挑战权力的能力和意图。技术的发展进一步提高了统治阶层的控制能力，扩大了统治阶层的控制手段。正如斯科特所言“若在这一领域寻找农民政治大半会徒劳无功”。

斯科特以自己在马来西亚农村的田野工作材料为证据，指出这样一个简单的事实：公开的、有组织的政治行动对于多数下层阶级来说是过于奢侈了，因为那即使不是自取灭亡，也是过于危险的。有鉴于此，他认为更为重要的是去理解农民反抗的日常形式(everyday forms of peasant resistance)。

移民拥有的资源决定了其只能是弱势群体，他们不可能挑战权力，但是，任何群体包括弱势群体在利益面前不可能是无动于衷的，他们都会运用自己的有限资源，采取符合其自身特点的形式进行利益的抗争。

冲突大都指双方之间的对抗性行动，而抗争一般用于形容冲突中弱者一方的行动，带有利益被剥夺的含义。但是，移民的利益没有被剥夺，也没有受到侵犯。移民被剥夺的不是利益而是迁移的“自由”，本文的“抗争”指由于迁移而导致的移民向政府索求利益的行动。

移民的抗争对象主要是当地政府，当地政府就是当地社会的权威，代表着国家权力。作为底层群体的移民不可能针对这种权威本身提出挑战，他们也不具有挑战这种权威的能力和资源。弱者的地位决定了移民的抗争具有特殊性。

(1) 合理的抗争。其特征是具有一定的“理由”。无论是移民还是政府官员，对于移民带有对抗性的群体行动，有一个很通俗很贴切的词：闹事。“闹事”也许是现今社会对下层人员抗争、抵制等行动的笼统概括，政府官员称之为“闹事”，似乎不存在合理性的追问，没有理由的叫“闹事”，有理由的也叫“闹事”。移民则干脆叫做“闹”，但在移民看来，并不是无理取闹，理由往往是充分的，“闹”是一种合理的抗争。作为弱者，他们非常清楚，他们必须在政府规定的“框架”内行动，必须承认政府的权威，不能触犯国家的规定，没有理由的无理取闹会带来很大的风险。但是，如果官员的行动偏离了政府的规定或者工作中出现了失误，那么，移民就能以此作为理由争取利益，他们利益索求的行动也由此获得了合法性，“闹”具有正当的理由，而不是什么“无理取闹”。在建房问题上曾经发生过这类典型的冲突事件：移民的房子是移民出钱(政府补偿的钱)委托迁入地政府代建的，有些移民自己还贴了钱，因此，移民非常关心自己房子的质量，当移民入住以后发现房高为 6.2 米，而不是当初设计图纸上标明的 6.4 米时，移民认为自己的利益受到了损害，具有充分的理由与政府进行交涉，金山和奉贤两区的一部分移民便以群体的形式联合起来“闹”到了区政府，惊动了市政府，显然政府在工作中存在着失误。在移民的充分“理由”面前，政府给予每户 1 000 元的补偿，平息了事件。

“理由”能否成立涉及一定的主观判断。有时出于对情况的不了解，原以为很有理由的事实际上理由却不成立，就会产生一些误会。移民刚落户时，社会各界给予了一定的捐助，一些得到捐助少的移民曾为此与政府交涉：“为什么他有我没有?”政府官员将此类冲突归咎于移民的攀比心理。但除了攀比心理以外，也可能是他们出于误解，以为捐助物是政府的统一发放品，属于迁移的“补偿”之列，自己没有得到，那就是补偿没有到位，于是就要去“闹”。这个“闹”在移民看来是有理由的，当他们知道事情的来龙去脉之后，还是能够冷静对待的，就不再“闹”了。

笔者在调查中切身感受到了这一点。当时，在联系调查事宜时，我们向市移民办提及，按照社会调查的惯例，我们准备给接受调查的移民每户 30 元酬劳费，市移民办当即不同意，以防那些没有接受调查的移民产生不满。在实际调查时，我们向接待我们的区县移民办又提及了酬劳费的事，他们对移民的实际情况可能更清楚一些，同意了我们的做法。在整个调查过程中和调查结束后我们都没有听到那些没有接受调查的移民有所不满的反馈消息。

"闹"需要有正当的理由，有些移民就在寻找这样的理由。崇明县移民办曾介绍过这样一件事：一些移民入住以后，对房屋的质量存有疑虑，为证实疑虑，竟有移民在自家的房子里掘地三尺，以这种破坏性的方式来查看房子的建造有无偷工减料。可以设想，如果掘地三尺后发现房子有质量问题，那他就找到了合理抗争的充分理由。事实上，在房屋高度引发的冲突事件中，移民就是以类似的方式找到了合理的理由，二层楼的房子，高度误差0.2米，仅凭肉眼观察是很难发现的，显然是他们扶着梯子爬上屋顶仔细测量以后发现房高误差的。他们并不是在故意找政府的"错"，而是对自己利益的重视。此外，他们新来乍到，对陌生的环境抱有一种警惕，他们以疑虑的目光审视着周围，打量着周围的一切，对政府的诚意同样是心存疑虑。移民对经济状况的不满以及农民所具有的公平意识、对官员的疑虑，转化为对当地政府责任履行程度的斤斤计较。

但是，寻找合理的理由是非常困难的，地方政府严格依据政策的规定、采用标准化的操作方式，小心翼翼、尽力不出差错，科层化的体系在"注视"移民的同时，也同样监管着官员，移民办的工作几乎是无瑕可击。

如果没有理由的"闹"，就是"无理取闹"。然而，即使存在正当的理由，也不能采取群体的方式，"聚众闹事"仿佛是一张标签贴在了下层社会针对政府的任何群体行动上，标明着无论行动的理由是否站得住脚，群体行动的方式本身就是不适当的。移民对此是清楚意识到的，面对群体行动，移民显得非常谨慎，尽量避免。在金山、奉贤两区的部分移民为房子高度闹到区政府的时候，其他区县的移民并没有采取"闹"的方式，而是向当地移民干部"反映"，让移民干部再向上级反映，以这种逐级"反映"的方式来表达自己的意愿。调查中南汇区的一位移民是这样说的，"我们直接去找政府，他们还以为我们移民故意闹事呢"；松江区的一位移民则是这样说，"总的说来，我们移民大部分是好的，房子没有按图样造，我们也没有去闹，我们顶多找这里的干部说一下，不解决，我们再等一下，我们也不会乱来，总会规规矩矩的”。

弱势地位决定了移民在一般的情况下很少进行群体性的抗争。一方面缺乏正当的理由，另一方面即使存在正当的理由也不一定意味着行动的正当性，因为还存在着一个方式的正当性问题，对于群体性的“闹”，虽然容易受到政府的重视，问题容易得到解决，但稍有不慎，便有可能成为“聚众闹事”，对此，移民是心存顾虑的，不会轻易采取“闹”的方式来索求利益。几年来，这类所谓的合理抗争很少发生。

(2) 非现实的抗争。表现为移民以抱怨的方式表示不满。科赛认为(L. 科赛，1956)，冲突有两种不同的类型，一种是现实性的冲突，另一种是非现实性的冲突，现实性冲突是为了某种特定的目的而进行的冲突，它只是人们为达到这个目的而采取的一种手段，非现实性冲突则是以表达敌对情绪、发泄不满本身为目的的。

抗争有时以个体的形式出现，但个体形式的冲突也是很少的。表 9 是 59 户移民对问卷调查中关于冲突问题的回答，除了几户没有回答以外，与当地政府或当地居民发生“经常冲突”的为零，“发生过一两次”的也仅占 10%左右。

表 9　移民与当地社会冲突情况调查结果汇总

是否与当地政府发生过冲突	次数	是否与当地人发生过冲突	次数
经常发生	0	经常发生	0
发生过一两次	6	发生过一两次	5
从未发生过	48	从未发生过	51
合　计	54	合　计	56

从移民的反映看，这些冲突大多是围绕房屋的质量问题发生的，比如房屋内墙粉刷的石灰剥落、或房屋地势偏低等等。他们由此找移民办干部或村干部交涉，要求解决，间或发生口角。移民在调查表中填写的所谓与政府官员之间的冲突，指的就是这类冲突，主要是一

些个人之间的争吵或争执,很难称得上是真正意义上的冲突。

这些事,处在"有理"、"无理"的边界状态,房子质量固然存在一些问题,但都是一些很细微的问题,以此进行抗争,理由并不充分。笔者来到移民家中,看到了移民反映的房屋质量问题确实存在,但并不严重,所谓内墙石灰剥落,是指人若擦到墙上,衣服会沾上些许石灰,并不是指内墙剥落;房屋地势偏低主要是屋内比屋外高得不多。毋庸置疑,这些都是存在的问题,相对于生活安置、工作安排而言,无疑属于"枝节"问题,但是,他们始终"耿耿于怀",第一批移民落户崇明已经三年了,三年以后还有人在反复提及这些事。他们在抱怨,他们以牢骚的方式在表达内心的不满。

调查中没有一个移民谈到国家的补偿低于他原来的财产价值,但是,几乎每个人都谈到了自己在老家的收入有多高,而现在的收入如何不如过去。试举几例:移居崇明的刘永真介绍说,在老家每月工资 1 000 元左右,妻子在家种植果树与其他作物,年收成在 1 万元左右,合计年收入 2 万元以上,其兄弟刘永山的介绍与其一模一样,年收入也在 2 万元以上;移居松江的李光明,在老家与妻子一同卖菜,做些小生意,年收入为 1~2 万元。

实际上,对照上海和云阳两地的平均收入以及移民在上海的实际收入,对此问题可以作一个比较客观的判断。云阳是一个农业县,人均年收入为 1 754 元,而上海,即使以发展最差的崇明为例,农民人均年纯收入为 4 033 元。三峡移民到了上海以后,当地政府给他们分配了自留地和承包地,安排了工作,户均 1.4 个企业工作名额,即使按月工资 500 元计算,1.4 个岗位一年收入应有 8 400 元左右,按调查样本中每户平均 4.34 人计算,人均年收入为 8 400/4.34=1 935 元,仅此一项,已经高于他们原来的 1 754 元,特别是在松江和南汇,不少移民自己还找到一份工作。当然,上海的物价水平要比云阳高,并不能得出收入高必然生活水平也高的结论,但在上述计算中没有包括副业收入、补贴收入,也没有包括移民没有通过政府帮忙自己找的工作。应该说,除了个别的特殊情况外,移民现在的生活水平总体上不会低于过去。

对照云阳地区的平均收入,上述几个个案在原地应属高收入家庭,他们的情况并不能代表移民在原地收入的一般情况,然而,在调查中问及“现在的生活同迁移前相比是好是坏”的问题时,相当一部分移民认为现在不如过去,结果见表10。

表10　现在生活与迁移前生活的比较

现在的生活同迁移前相比	人数/人	百分比/%
好得多	1	1.7
稍　好	12	20.7
差不多	20	34.5
差一些	20	34.5
差很多	5	8.6
合　计	58	100.0

表中,三分之一略强的人认为现在的生活与过去差不多,认为“好得多”与“稍好”的人共占22.4%,“差一些”和“差很多”的人占到了43.1%,后者约为前者的2倍,也就是说,相当一部分人认为到了上海以后生活水平下降了。他们一方面对现在的生活感到满意(见表3的结果),另一方面又认为现在的生活不如过去。不少人的态度是有矛盾的。

生活是一种感受,同实际收入水平可能不完全相等,但是在这个感受中是否反映出移民情绪上的不满?是否含有抱怨的成分?

诸多的不满中有些是属于尚未适应的表现。但移民却不见得这么看,而是把这些都归咎于政府身上,对工作中存在的问题表示不满、抱怨,对改善的地方也不认可。笔者第一次到崇明时,看到移民清一色的二层楼房,脱口赞了一句:“房子好大好漂亮啊”,边上一位十四五岁的移民小女孩马上接口说:“我们老家的房子还要大。”

导致不满的因素有些是真实存在的,但“不满”并不一定是真正的不满，移民干部在向我们介绍情况时对此颇有微词：那些移民在我们干部面前，总是说这里不好、那里不好，这里不如老家、那里不如老家，老家如何好；而他们在老乡面前，却说这里好，让他们尽量迁移到这里来。显然，当着干部的面不能讲这里如何好，否则，以后就无法直接向干部提出诸如补助之类的各种要求。抱怨或不满的表达是作为一种手段运用的。

抱怨作为非现实性冲突的形式，既是内心不满的发泄或表达，也是争取利益的现实手段，虽然抱怨或不满的表达本身不能直接带来利益，但是，它在给权力制造一种压力，试图制造一种氛围，为以后利益的提出埋下了一个伏笔，作了一种铺垫。

(3) 沉默的抗争。虽然移民的生活得到了基本的保障，但是，现在的生活并没有达到他们大多数人当初的预期，有些家庭的生活仍然很拮据，由非自愿迁移带来的心理不满并没有消除，而地方政府是根据国家规定的标准安置移民的，国家标准具有天然的合法性和权威性，决定了移民无法将地方政府作为利益索求的对象。

可是生活需要钱，用移民的话说，要想办法"搞"钱。在调查中了解到这样一些的事例：一些移民无视交通法规，公然从事一些非法的运营生意，如卡车超载运货、摩托车非法载客等等。这种情况在崇明比较普遍。相对而言，崇明工业落后，无法像上海其他的几个区县那样为移民提供足够的而且令他们满意的企业就业岗位，移民的安置主要还是农业安置。崇明移民办曾与私营企业主交涉，为移民提供过不少私营企业的就业岗位，但移民往往嫌工资低不愿干，或者干了几个月就不干了。除了农业和每月的移民生活补贴外，移民缺少其他的固定收入来源，生活比较困难，尤其是缺少现金。不少移民开始自谋生财之道，有的移民贷款购买了卡车做起了个体运输的生意，个体运输当然是合法的生意，但是，为了多赚些钱他们一般都是超载运货；也有移民利用从老家托运过来的摩托车做起了载客运营的生意，这些都属于明令禁止的非法运营。

有些移民遇到结婚、生病等需要花钱的时候，就会以此为由找到移民办或村委会借钱，有时就直接以生活困难为由借钱或要求补助，移民办或村委会只能借钱给他，或给他补助。双方都很清楚，借出去的钱很可能还期是遥遥无期的。

对于这种情况，移民办实际上是有所预料的，并且也采取了一些预防性的措施，比如生活补助费没有一次性发到移民手中，而是按月发放，生产工具购置费也是等到移民落户以后才发，而不是在移居前发放。移民办是这么解释的：早先有过直接发给移民的例子，但是，有些移民拿到钱后，胡乱挥霍，不多久就把钱花完了，生活没有着落了，这时，他找到移民办，找到政府，说是没有钱了，政府只能给他补助。

除此以外，在崇明还了解到一个比较普遍的现象：每月的公共事业费许多移民是不交的，电话费一般没有人不交，但水电费基本上是不交的，累积下来也是一笔不小的款项。房屋贷款未到还贷时候，是否会还只能猜测，根据目前移民对待水费、电费的态度，还贷的难度大概不会小。

这些事情似乎没有什么共同的地方，也很琐碎，很难罗列全面。第一类是以轻微违规为特征的，以交通法规禁止的行为去挣钱；第二类是以放下“尊严”或“面子”为特征的，毕竟说来，借钱是有求于对方的；第三类是以“不作为”为特征的，不履行某种应履行的责任或义务。虽然，它们的具体特征可能各有不同，还可能罗列出其他的一些表现形式，但是，它们的共同点都是围绕着利益展开的。这些称不上是抗争，也谈不上是抵制，它们没有在人与人之间造成冲突，不针对具体的人或群体，不与权力发生正面交锋，更不对抗权威，但并不回避权力，只是无视权力，不吵不闹却我行我素，没有过激的行动，甚至没有行动，比如不交应交的钱，或者不予合作。它们不会造成有影响的社会后果，只要其他群体不加以干预，或者上层社会比如社会管理者不予以制止或强制，一切还是那样的平静，仿佛什么都没有发生似的。

这些方式很难用一个确切的词来概括，暂且称为沉默的抗争。

它是弱者以消极的方式在争取利益或保护利益，是适合弱者或社会底层的一种利益索求的方式。假如他是一个富人，很难想象他能采取上述方式来争取或保护自己的利益。他们是社会底层的群体，面对利益，没有上层群体的那份矜持，行为中也缺乏相应的风度和潇洒；他们是穷人，面对利益，没有富人的那股傲慢与不屑，行为中多了一份坦率少了一份矫饰。

沉默的抗争在有些方面同美国学者斯科特所归纳的“弱者的武器”很相似，有些地方甚至是重叠的，它们都是适合于弱者的行动方式，但是，两者之间又存在着一些区别，两者的立足点是不一样的。与“弱者的武器”相比，沉默的抗争具有以下特点：

第一，沉默的抗争是社会底层群体争取利益或保护利益的手段，它直指利益，理性的成分大于情感的成分；但它不是武器，不一定是下层反抗上层的形式，也不反映下层与上层的对抗，对于底层群体而言，采取沉默抗争的形式风险很小，甚至几乎不存在风险，因为它不是一种反抗形式；“弱者的武器”则是底层群体日常生活中的反抗形式，通常包括：偷懒、开小差、偷盗、装傻卖呆、诽谤、纵火、怠工，等等，虽然有利益的因素，但往往伴随着不满的发泄，是一种象征的、偶然的甚至附带性的反抗行动，隐含着下层与上层的对立或敌对，弱者可能要冒较大风险，甚至冒触犯刑法的风险。

第二，虽然沉默的抗争是以个体的形式出现，但它依托的是群体，个体背后的群体因素是沉默的抗争能够奏效的原因之一。群体因素并不是指有组织的群体，个体之间没有串联，也没有人特意发起，只是大家都在这么做，一方面，“大家都这么做”赋予了那些原本没有这么做的人胆量，使他们也敢参与其中，另一方面，“大家都这么做”使其中的个体不用担心风险，风险已经被群体中所有的个体分摊了，强者面对众多的个体，往往难以采取强制性的手段；而“弱者的武器”的特征是个体式的，它主要是以个体的形式而不是群体的形式实施的，个体性所具有的一定隐匿性使弱者避免了与强者的直接对抗。

第三，在沉默的抗争中，个体不会张扬自己的行动，却也不存在刻意的隐蔽，事实上也无从隐蔽，像上述事例都是众所周知的，只不过是大家心照不宣而已，对于沉默的抗争，上层是能够制止而没有制止；而在“弱者的武器”中，个体必须保持行动的隐蔽性，否则，将遭到上层的强行干预，因为“弱者的武器”是一种反抗形式，由于它具有隐蔽性，上层是想制止却无从制止。

弱势群体所拥有的资源决定了这种沉默的抗争是一种理性的手段。然而，这种方式之所以能奏效的原因主要在于强者或者权力作出了一定的退让。交警对于移民卡车超载运货、摩托车无证载客等等往往是视而不见，村干部明知借出去的钱很难再收回但还是借了出去，对于那些公共事业费款项有关部门也几乎没有上门催讨。至于房屋贷款更有意思，房屋贷款的还贷原则本身就有点奇特，叫做“致富还贷”，而对什么叫“致富还贷”却未作出明确的界定，是否就是“富裕以后才还贷”的意思？若是，是否可以引申出“若不富裕便不还贷”？更主要的对是什么叫“富裕”也未作出界定，按照这种模糊的还贷原则几乎就是否意味着还贷可以一直拖延下去。由此，是否可以作这样的推测：政府本来就没打算让他们还贷。

面对弱者的沉默抗争，强者之所以退让，是因为作为社会管理者这个特殊的社会上层群体，对处于社会底层的弱者，具有一种责任。对于工程移民这个特殊的底层群体，迁移的非自愿性更是加强了这种责任关系。面对移民的沉默抗争，地方政府很难采取强制的方式予以制止。沉默的抗争几乎没有“理由”，也不需要“理由”，却又具有一个最大的理由，那就是“基本生活的维持”，沉默的抗争都是在“我没有钱，我需要钱”，“我交不出钱”等这样的理由下发生的，这是底层社会对生存底线的捍卫和争取。另外，这种沉默的抗争很少会带来具有社会影响的后果，在一般人的眼里，几乎算不上是抗争，如果对沉默的抗争予以强行制止，反而有可能激化上下层之间的关系，可能促使沉默的抗争向斯科特所讲的“弱者的武器”转化。这也表明，底层社会的行动自由余地尽管很小，但总是存在的，并且始终在被底层群体运用着。

移民通过自己的行动在为自己建构一份社会空间,这个空间的底线是“基本的生活条件”。而这个空间是否会被压缩、能否维持或扩展,离不开权力的宽容。沉默的抗争作为一种社会产品,其生长的社会空间本身也是抗争所要达到的成就,因而这个社会空间也是从属者与支配者之间相互性和权力关系的结果。就此意义上讲,这个空间不完全是底层争取到的,也是上层让出的,是沉默的抗争与权力的宽容共同建构的,实际上是得到了权力某种程度的默认,是一种“沉默的共谋”。

北京大学学者应星曾以20世纪70年代末和80年代我国山阳乡大河电站移民上访的故事为背景,对移民运用的“缠、绕”等“上访”策略进行的抗争作了归纳(应星,2001),美国学者斯科特在对东南亚的农民研究基础上提出了农民的反抗艺术“弱者的武器”。两种方式都是底层社会面对利益被剥夺情景下的抗争的方式或策略,其区别在于:应星揭示的“缠、绕”上访策略中,移民的利益要求是清晰的、具体的,抗争的对象是可以明确指认的,就是某个或某几个特定的腐败官员,而在斯科特的“弱者的武器”中,农民的利益要求相对而言没有那么具体,抗争的对象也没有那么明确,“即平常的却持续不断的农民与从他们那索取超量的劳动、食物、税收、租金和利益的那些人之间的争斗”,甚至带有一定的弥散性。与两者相比,本文探讨的三种抗争形式在强度和社会影响方面明显要小,而且是在移民利益没有被剥夺的情景下发生的。但是,它们之间又存在着一定的联系:本文中的合理的抗争,如果移民的利益要求是充分合理的,而利益却又得不到补偿,合理抗争便有可能转向应星所揭示的策略;沉默的抗争不同于“弱者的武器”主要在于权力的宽容,如果沉默的抗争遭到强行制止,底层群体便有可能以“弱者的武器”来抗争;非现实性的抗争(个人的牢骚或抱怨)一方面为沉默的抗争制造氛围,另一方面,也有向合理抗争转化的可能,比如本文中提及的移民房屋内墙粉刷的石灰剥落或房屋地势偏低等,因为利益过于微小,是“枝节”问题,他们只是发发牢骚而已,如果此类问题积累得多了,涉及的面广了,便有可能成为合理抗争的理由。

三、对权力的迎合

以抵制或抗争的方式来维护和争取自己的利益，仅是下层与上层关系的一个方面，仅是弱者面对权力的一种反应，只是叙述了权力故事的一个侧面。弱者面对权力，或者从属者面对支配者，还有着另一个侧面。

在南汇某村的调查中，该村村主任（全国先进）陪同我们采访了一户移民。该移民在回答调查问题时，总不时地看着村主任，显然她在关注村主任对她的回答是否满意，讲话中的停顿似乎是在等待村主任的提示，而这位村主任也不时地插话，有时干脆代替移民作回答，对于村主任的替答，这位移民总是连声说："对，对，我就是这个意思。"连续几次的替答大概连他自己也感到有点讲不过去，主动解释说，她文化低，有些问题讲不清。

应该由自己回答的问题不断被别人打断，被别人擅自替答，这是很扫兴的，而被打断者不但没有反驳或纠正别人的替答，却是连连赞同，难道自己的所思所想别人了解得那么清楚吗？作为替答者，能那么肯定别人的想法吗？显然，村主任的替答能得到移民的全部认可，并不能说明他完全清楚移民的内心想法，也并不能说明他替移民作了"正确"的回答，而在于他是村主任，她不敢当面反驳村主任。一方不敢反驳另一方，表明了双方的地位差异和权力差异。权力的因素在其中发挥了作用。

如果把上述现象视为"公开的文本"，那么，按照斯科特的解释，就是权力者的在场对从属者构成了一种压力，构成了一种威胁，面对权力，从属者担忧得罪支配者会带来不利的结果，因此，以"公开的文本"作为一种掩饰，公开的文本掩盖着从属者内心的真实意图。

斯科特认为(James C. Scott, 1990)，"公开的文本"并不表现从属者真正的观念，它可能只是一种策略，"公开的文本"的真正意义是成问题的，它表明在权力关系中，关键的角色是由伪装和监视扮演的。支配者与从属者之间的权力差距越大，权力行使得越专横，“公开的文本”就表现得越程式化和仪式化。换言之，权力的威胁越大，伪装的面具就越厚。斯科特用了“隐藏的文本”这一概念用以说明发生在后台的话语。每一从属群体因其苦难都会创造出“隐藏的文本”，它表现为一种在统治者背后说出的对于权力的批评，它避开了掌权者的直接监视，扭曲或改变了“公开的文本”所表现的内容。“隐藏的文本”不仅是一种后台的话语、姿态和象征性表达，也是反抗行为的思想依据，对许多农民来说，诸如偷猎、盗窃、秘密地逃税和故意怠工都是隐藏的文本的组成部分。由此，斯科特将“隐藏的文本”与“弱者的武器”联系了起来。

但是，这种解释与我们调查到的情况并不相符。调查中移民的反应明显不一样，一些移民对政府的安置非常满意，对现在的生活也很满意，讲到了移民办的种种帮助和关心，当面称赞着移民干部；另一些移民则有较多的牢骚和不满，谈到自己在老家的收入有多高，到了这里后收入明显降低了；有些移民在官员和其他人面前，总是讲原来如何好，现在如何不好，这里不如老家；也有些移民沉默寡言，不愿多谈。移民的情况是复杂的，很难一概而论，但综合这些调查情况却可以断定一点：一些移民可以当着官员的面向调查者发牢骚或者抱怨，讲一些不利于官员的话，意味着权力的威胁很小或者权力的威胁不明显。

公开的表面行为可能隐藏着某种真实的内心意图，但隐藏的内容并不完全是斯科特所讲“隐藏的文本”，并不必然同“弱者的武器”相连，它隐藏的可能是不满或愤怒，也可能完全是人的一种正常心态。在人与人的交往中，交往的双方对自己的真实想法、意图都会有不同程度的保留，人的内心都具有隐藏的一面，隐藏的内容也是复杂的，很少会推心置腹地将自己的全部真实想法竹筒子倒豆似的毫无保留地全盘托出。向谁隐藏，隐藏什么，隐藏到哪一个层面，都是经过选择了的，人在不同的对象面前，展示着自己的不同侧面和不同层面。但并不能由此认为交往的双方彼此不满甚至抱有敌意。在南汇某村，安置的移民是四个亲兄弟。老三曾与当地人发生过斗殴，调查中问其是否与当地人发生过冲突，其妻一口否认。在与老二妻子的访谈中，在旁的村主任为了介绍村干部的工作，才把老三与邻居斗殴的事件列举了出来。在这个隐藏中，看不出隐藏的意图，更看不出这种隐藏与"弱者的武器"有什么联系，与反抗意识有什么关系。

在支配者面前，由于存在着支配与从属这种特殊的关系，从属者的心态会发生一些微妙的变化，使其在心态上和行为上总带有一些不自然。无论是否存在权力的威胁，权力的因素都会影响着互动。如果说从属者得罪支配者会带来不利的结果，那么由此也能引出另外一种可能：取悦支配者会带来有利的结果。也就是说，在"公开的文本"的背后，并不完全是从属者对权力的畏惧，也包含着从属者试图从支配者那里获取有利结果的意图。无论是哪种情况，在公开的行为中，都可能表现为从属者对支配者的某种顺从。如果把"公开的文本"看成是从属者对支配者的顺从，那么，至少存在两种动机不同的顺从：一种是出于从属者对权力的畏惧，另一种是出于对权力的迎合，从属者试图从支配者那里获取有利的结果，也有可能是两种动机兼而有之。

在移民的调查中，移民能当着村干部的面对调查者讲述种种不满，表明权力的威胁并不明显，在这种背景下如果出现顺从与配合，则应视为是对权力的迎合。南汇的那位村干部是一位对移民非常热心的干部，移民对他是很感激的，尤其是接受采访的那位移民，有一次突然生病，正是这位村干部派车把她送到医院，并出钱请村里人24小时在医院陪伴她，此外，她的几个安置在同村的小叔子也得到过这位村干部的许多帮助，这位村干部的出色工作使他获得了全国劳模的荣誉称号。这里不妨做一个推测：如由受访者自己回答调查问题，更能展示该村移民工作的成绩，可是，接受采访的那位移民仅有初中文化程度，她的言词能否达意、会否出错？出于这种考虑，于是出现了替答现象，而这位移民也担心文化低，会讲错，使村主任不满意，于是全部默认并且附和了村干部的替答。如果这个推测成立，那么，这位移民的默认和附和既是在回报过去得到的帮助，也有助于今后继续得到帮助。

就此意义上，迎合可理解为从属者在支配者在场时表现出的对支配者的顺从、附和和配合，以期得到支配者的赞赏，取得支配者的好感和认可，进而能够借助支配者拥有的资源拓展自身的生活空间和发展空间。

如果说对权力的畏惧是弱者的一种无奈，那么，对权力的迎合往往含有弱者的主动成分，它是对权力的一种接近。虽然两者在动机上存在着这种区别，但是，它们都是内在的、隐蔽的，所以，隐藏的内容是复杂的，在一个"公开的文本"的背后，也许同时存在着这两种"隐藏的文本"，对权力既有畏惧，又想接近，即担忧得罪权力给自己带来不利结果，又企盼迎合权力为自己带来利益。两者往往交织在一起，在行为表现上都是对权力的顺从与配合，都是对权力的迎合，很难作出截然的分离。

公开的文本与隐藏的文本的交界处是一个支配者与从属者持续互动的地带（James C. Scott，1990），这个地带并不是固定的，一成不变的。公开什么，隐蔽什么，在不同的情况下是会变动的。"隐藏的文本"对于特定的社会场所和特定的表演者来说是特殊的，每一种隐藏的文本都是为一个有限的"公开"专门制作的。但是，何者可以公开，何者不能公开，主要是由权力者定义和建构的，这种定义能力和建构能力同权力本身同样重要，这是权力者意志的体现。作为从属者，把握何者能公开，何者不能，以怎样的方式公开，以及恰到好处地把握公开的程度同样也是重要的，这涉及迎合目标的达到与否。按照斯科特的说法，"公开的文本"带有程式化和仪式化的特征，也就是说，"公开的文本"具有一定的表演性质，需要互动的双方有一种心照不宣的默契，否则，表演的"质量"是要打折扣的。在刚才的例子中，那位移民可能不清楚哪些应该充分"展示"，担心把握不住"展示"的程度，索性全部认可村主任的替答。显然，如果村主任的工作成就由移民介绍而不是村主任介绍效果会更好。

无论是抗争还是迎合，都具有工具的性质，都可以看成是一种行动的策略，是追求利益的一种手段。两者相比，主要是达到目标的方式不同，抗争是对目标的直接追求，直接指向目标，是利益的直接表达，目标一般清晰明确；迎合则是一种间接的追求，目标并不具体，甚至不存在明确的目标，只是试图形成一种有利于达到目标的态势。美国社会交换理论的代表人物布劳（彼得·布劳，2000）认为，在资源地位差别很大的双方进行交换时，资源地位低的一方会将依从作为回报，由此导致了权力的原始形成。而这里，顺序颠倒了过来，权力是预先已经存在着的，迎合既是回报权力的方式，也是等待权力回报的手段。迎合变成了期望能得到将来回报的“期货”投资。在手段与目标之间，抗争好比是直线，迎合好比是曲线，从数学的角度讲，直线是两点之间距离最近的，但在生活的现实中，却不见得完全如此，也许曲线更近，曲线方式有时比直线方式更能达到目标。

抗争的方式多少带有一定的对抗性质，在具体的运用中，如果把握不好，还有可能会激化事端，引发冲突。比如，个别移民在摩托车非法载客中，面对交警的阻拦毫不理睬，引发了与交警的冲突，甚至动手打了交警，最后受到了被拘留的刑事处分。过激的抗争很有可能触犯国家法规，伴随着相当的风险。此外，与管理自己的人或支配自己的人维持对抗关系也不很明智，从属者大都会避免这种情况的出现。抗争只是获取利益的手段，但不是唯一的手段，通过配合地方政府的管理，得到管理者的赞赏与认可，与地方官员和当地居民维持良好的关系，更容易获得发展的空间。前文曾提到，南汇区移民办聘请了一位移民进移民办工作，这位移民勤勤恳恳，认真负责，几乎把所有的时间都放在协助移民办开展移民工作上，他不算正式编制，只是临时聘请，每月只有300来元，但是，他的妻子被安排的工作是移民中最好的，薪水是最高的，移民办有官员私下对我们说，不用多久可能就有较好的工作在等着这位移民。

美国社会心理学家费斯廷格(费斯廷格,1959)在分析社会比较问题时提出过一个概念,叫做向上性意志或向上性意愿,指的是在人与人之间的能力比较中,人希望比较的结果是对自己有利的,能证明自己强于对方,人在内心中具有一种超越对方、优于对方的动机。人本主义心理学家马斯洛(马斯洛,1987)将人的需要从低到高概括为生理、安全、社交、尊重和自我实现五种需要,这些需要依次递进,当低级需要得到满足,追求高级需要的满足便会成为人们行为的动力,这同样是一种向上的动力。虽然费斯廷格和马斯洛探讨的具体问题有所不同,但都从自己的研究领域得出人具有一种向上的动力和意愿,这是一种追求优越的意愿,它表现在人的生活的各个方面,人总是希望自己能生活得更好些,能比周围的人好,现在比过去好,将来比现在好,发展的空间能更加开阔。这种意愿促使着人不断进取、不断努力,也促使着人寻求各种途径,利用各种资源。与其他阶层相比,下层社会拥有的各种资源明显匮乏,需要利用其他阶层尤其是处于支配地位的上层社会所拥有的资源,服务于自己的向上性意愿。事实上,弱势群体中成员的许多机会是由强势群体提供的。在现代社会中,社会流动成为个人取得社会地位的重要途径。如果说社会流动中的向下流动是出于无奈,那么,向上流动则是人们的一种追求,其内在动力就是植根于人的本性之中的那种向上性意愿。迎合是实现向上性意愿的一种手段。向上性意愿以迎合权力的方式表现了出来,使迎合成为利用上层社会资源的一种方法,借以达到向上流动的目的。

抗争往往带有群体性,群体性的抗争更具有社会意义和社会后果。虽然迎合是在公开场合下的某种表演或展示,但迎合受到明显的范围限制,一般是发生在从属者个体而不是群体面对支配者的场合,迎合只是一种个体行为。作为个体,或多或少带有一定的迎合倾向,或者是出于对上层的向往与追求,或者是出于对权力的畏惧。正如社会流动不是针对阶层关系而言的,迎合同样不是针对群体而言的。在群体层面，相对而言，更易触发抗争的意识，抗争往往借助于群体的力量，表现出更多的是上层与下层之间的冲突和对立，群体的存在抑制着个体的迎合倾向，迎合不是群体的特点。德国格式塔学派(苛勒，1929)在研究知觉时曾有一句著名论断：整体大于部分之和。该结论后被人们引申到整个心理学领域乃至哲学领域，由个体组成的群体具有单个个体所不具有的特点，但是在这里，却存在着一种相反的现象，个体所具有的共同特点在群体中却不存在了，群体吞没了个体普遍具有的共同特点。就此意义上讲，迎合只是一种个体现象和心理现象，然而，它的意义并不停留在心理层面上，这个被吞没的个体特点同样具有明显的社会意义。

迎合在表现上是对权力的服从和配合，从秩序的角度讲，支配者需要从属者的服从，对权力的服从有利于秩序的维持。对于上层社会而言，底层社会所具有的那种向上性意愿及其表现形式——迎合——为社会控制提供了有效的凭借，使得社会控制不需要全部建立在强制的基础之上，借助于帮助底层社会实现向上性意愿的方式，同样可以化解矛盾，消除各社会集团之间可能存在的隔阂，达到社会和谐的目的。另一方面，服从同样存在着一个学习的过程，从属者在迎合的过程中，也逐渐学会服从的艺术，表现出配合。

迎合是从属者面对支配者的一种公开行为，它是同权力联系在一起的。迎合必须在权力者面前表现，权力的存在是一个前提，否则就失去了迎合的价值。因此，迎合也从一个侧面测试了权力，测试了权力的有效性和控制的有效性。从属者出于对权力的畏惧和从属者试图从支配者那里获取有利的结果，是同一问题的两个方面，无论是出于对权力的畏惧还是出于对权力的迎合，结果都是对权力的服从，都是对内心意图的某种隐瞒，都是因为支配者在场造成的。按照权力的操作定义，权力是指在即使遭到反对的情况下也能实现自己意志的能力，就权力的运用而言，权力本身就是违背从属者的意志的，从从属者来讲，“隐瞒的程度”也就是背离其意志的程度，因此，人们违背自己的意愿被迫遵从的程度就可以成为权力有效性的指标。反过来，如果人们面对权力既不畏惧，也不迎合，那么，权力者的意志也将无从体现，权力的有效性受到明显的削弱。

第四章　规则与互动

任何行动领域都存在着一定的规则，规则制约着人们的行动，意味着行动的秩序。传统观点把规则分为正式规则与非正式规则，正式规则是指明文规定的规章制度等，比如，政府的各项规定，正式规则体现着行动的“合法性”；非正式规则则是自发形成的、对行为具有约束作用的规范。但是，这种划分只是形式上的，在具体研究中把两者对立起来是没有意义的(Erhard Friedberg，1998)。在实际行动中，移民很少公然违抗正式规则，他们更多的是寻求行动的“合法性”。正式规则提供了行动的合法性，遵守正式规则就能起到保护自己的作用，同时行动者也能以要求其他行动者遵守正式规则的方式向对方施加压力，比如，移民以移民办没有按照规则操作(房屋高度没有达到设计图纸的要求)为由，向政府或移民办施加压力，要求他们“遵守规则”；同样，移民办的“标准化”操作实际上就是尽可能遵守正式规则，以减少移民可能出现的指责和不满。另一方面，人们的行动又很少同正式规则完全一致，他们总是从自己的利益出发，或多或少地偏离着正式规则，即使移民办对移民的帮助，不同的村或乡镇也不可能做到完全一模一样。仅仅从正式规则出发难以充分说明和解释人们的行为。因此，有必要从实际发挥作用的角度来考察规则。

规则的本质是政治。从根本上讲，政治是人们为了保护自己利益而形成的公共活动。有健全理性的人都会知道自己的利益所在，都会通过交换、谈判、竞争等活动去获得自己的利益。在利益博弈的背后，还存在着围绕着规则展开的博弈。规则以及为建立规则而进行的活动，其实质就是政治。

规则是在互动中形成的。所谓互动，就是行动者各方的相互影响。规则不是某一方垄断的，规则需要得到各方的认可和遵守才能发挥作用，每个行动者都会从自身利益出发去审视规则。围绕着规则展开的博弈就是一种互动。

一、规则与“印象”

从根本上讲，利益是人们行动的原动力。马克思说：“人们奋斗所争取的一切，都同他们的利益有关”(《马克思恩格斯全集》第1卷第82页)。无论是公开的抗争还是沉默的抵制，都在某种程度上指向经济利益。按照“经济人”的观点，人的行动是理性“计算”的结果，在投入与回报之间进行衡量，力图以最小的投入获得最大的回报，追求利益的最大化。但在有些冲突中，利益的因素并不彰显，甚至是得不偿失的。用经济学中的“投入”与“回报”的理论很难作出解释。调查中，市移民办的官员曾经讲起这样一件事：在金山，一位移民去市场上买肉，与摊主就价格问题发生了争执，菜市场中买卖双方进行讨价还价，间或发生争执是再平常不过的事了，却不料这位移民突然抓起摊位案板上的切肉刀架在摊主的脖子上，迫使对方让步。一件小事转眼间演化为“性命相搏”，其中的“得”与“失”根本无法相提并论。

在周围人们的劝阻下，事件得到了平息。但周围人会怎么看待这件事？他们可能会对这位移民的行为感到难以理解，不可思议，他们会以冲动，甚至蛮横等词语来解释这位移民的行动，并自然会产生这样的一些想法：以后遇到类似的事，避免与这种容易“冲动”的人发生争执，能让则让，犯不上在一些小事上与这种人“玩命”。人们产生类似这样的想法是很正常的。这位移民为小事敢于“动刀”的行为直接影响到了人们对他的评价，具体的评价可能会有所不同，但至少使人们在与他的交往中多了一份顾虑。换句话说，移民在用自己的行动为自己建立了一种形象，进而影响到了人们对待他的方式。

诸如此类的事件还不止这一起。在第二批三峡移民到达崇明的途中，曾发生过一起移民联合起来“抵制登岸”的事件。起因也是一件微不足道的小事，旅途的伙食补助方法同第一批移民相比有所不同，不过不是降低补助的标准，只是补助的计算方法稍有变化。当移民上了船得知这一情况后，就有人借机鼓动大家闹事，他们动手打了陪同他们来上海的云阳县方面的移民干部，船抵达上海后，全体移民滞留在船上抵制登岸。可以说，这次冲突事件是调查中了解到的发生在政府与移民之间的最严重的一次冲突，不过，移民还没有抵达上海，尚不能算作移民落户以后发生的冲突。另一次冲突事件也是发生在崇明，冲突对象并不是政府官员，不过，事件的影响较大。这是一家农场的果园，几个移民翻越栅栏进了去，摘了果园里的果子，果园里的管理人员和保安误以为他们是安徽民工，将他们扣了起来。移民被扣的消息在岛上的移民中迅速传开了，移民用电话相互联络，互相召集，在很短的时间内，他们驾驶着自己的摩托车蜂拥而至，几乎是全岛的成年男性移民都参与了进来，他们来到果园要求立即放人。不过，在他们到来之前，果园知道所扣人员是三峡移民时，已经将人放走了。据移民讲，他们之所以聚集这么多人，反应如此强烈，是因为被扣的移民挨了打，不过，果园管理人员是否打了人并未得到其他途径的证实。

为了一些小事可以动刀"玩命"，敢于动手打移民干部；能够一起"抵制登岸"；能够全体出动"解救"被扣的伙伴；也是在崇明，一位移民敢于动手打阻拦其摩托车载客的交警，等等，如果把这些事件一个个串联在一起，这些事件勾勒出了怎样的一幅画面？它们向当地社会显示了什么？当地居民会形成怎样的印象？

综观这些事件，起因大都微不足道，与利益关联不大，甚至没有关联。按照常理，完全可以以心平气和的方式予以解决，然而，移民却以出乎寻常的行为方式将事件迅速扩大了，问题激化了。人们的关注点已经不在于事件的起因，而在于移民的行为方式，移民在用自己的行动向人们传送着这样的信息："我们虽然新来乍到，但并不是好惹的"。事件的象征意义已经远远超出了事件本身，透过这些事件，移民在向人们显示着"移民的团结"、"川民的剽悍"。

事件的意义不在于人们是否会形成怎样的印象，而在于移民试图使人们形成怎样的印象。移民那些出乎寻常的行为可以理解为一种“故意”，也就是说，移民在有意识地通过这些事件扩大自己的影响，用出乎寻常的行为塑造自己的形象，进而影响人们对待他们的行为方式。这种“故意”可能是明确意识到的，也可能没有明确意识到，但都不是无意识的，只是明确的程度不同。

行动者对不同的对象有不同的行为方式，这种行为方式建立在人们互动中形成的对对方的判断之上。行动者采取怎样的行动方式，不仅依据于他对形势的评价，对双方资源的分析，也包括了他对对方的判断和评价以及由此形成的对对方行为反应的估计；反过来，对方的行动也在影响着这些判断，行动者过去的所作所为，都会成为对方进行判断的线索。因此，人们在有意识地通过互动形成或改变自己的某种形象，力图影响或控制留给他人的印象，以影响其他行动者对待自己的行为方式。戈夫曼(E. 戈夫曼，1959)对此曾经有过很详尽的研究。这种“印象控制”几乎已是生活常识。在一般情况下，由此产生的影响只是局限于个体层面，属于心理学的范畴。但是，移民是一个群体，即便是移民的一些个体行为，人们也是倾向于从移民群体的角度来认知的，对某个具体人的行为的印象会扩散到对整个群体的印象上，个体行为同样能带来群体印象的效果。个人行为带来的意义超出了个人层面。同样重要的是，对于新来乍到的移民这个特定群体而言，这种“印象控制”的意识要远比一般情况下的强烈。在调查中，他们自己坦言，他们担心当地人会“欺生”，因此，遇有事情大家要互相帮忙，要显得“厉害”一些，使当地人不敢“欺生”，他们试图建立的是群体印象。而且，他们采取的有些行动本身就是群体行动，有些个体行为，在“有事大家帮”的群体规范下也迅速转化为群体行动。群体行动建立的就是群体形象。在冲突中，利益的要求往往是明确的、具体的，比如，房子的高度不够，然而，冲突行动带来的意义却相对比较模糊，往往是含蓄的、隐晦的，不同的行动可能具有不同的含义，不同的人可能会产生不同的理解，甚至一些参与行动的移民本人也讲不清楚，但是，上述几个事件中移民用异乎寻常的行动表达着这样一个共同点："我们不是好欺负的"，他们所要建立的便是诸如"移民的团结"、"川民的剽悍"之类的印象。假如这些印象能够建立，它们不会仅仅停留在人们的评价、判断等认知层面上，而且会影响到人们对待他们的行为方式。也就是说，移民试图以这类印象使其他群体作出让步，争取在以后可能发生的与其他群体的互动中占据有利的态势，通过其他群体的退让来扩大自己的行动自由余地。

所有这些都意味着，移民以控制印象的方式在建构一种影响人们行为的规则。如果人们形成了这种"印象"，并在行动上受到了这种"印象"的影响，或者说，对人们的行为发生了作用，那就意味着这种"印象"事实上在转变为一种"规则"，即这种行为建构了一种规则，建构"印象"转化为建构"规则"。当把"控制印象"的问题与行动规则联系起来时，"印象控制"便具有社会层面的意义。无论这种规则最终是否能形成，都反映了移民为建立规则而进行的努力和作出的尝试。

显然，这里的规则不是正式规则，不是书面的规定的或其他任何形式颁布的规定，只是对人们的实际行动发生影响的非正式规则，是一种得到人们认可并遵守的行为方式。这种规则是在行动者之间的互动中形成的。

无论是正式规则还是非正式规则，无论是文字上的规定还是实际运作的游戏规则，从其发生上讲，规则大都是由强者制定的，强者主宰了规则，弱者是没有资格参与规则的制定的。但是，移民的行动表明，弱者也在试图建构某种规则。他们从自己拥有的资源出发，力图使生活环境变得对自己有利。然而，他们的资源极为有限，他们不可能像富有的群体那样显示财富使人羡慕，像具有专业特长的群体那样显示技术使人尊敬，像权势群体那样显示权力使人畏惧，所有这些资源他们都不具有，他们所具有的只是相互之间的"团结"，他们所能显示的便是基于这种"团结"基础之上的"剽悍"和"勇武"，以这些基于体力之上的"力量"来捍卫和扩大自己的生活空间。一个群体试图形成怎样的形象或印象，建立怎样的规则，反映着这个群体的社会地位，移民所试图建立的这些形象以及试图在此基础上形成的规则，与他们属于社会底层群体的事实是相应的。

然而，移民的行动只是反映了他们建构规则的“意图”和尝试，并不是说他们已经建构起了这些规则。作为规则，首先需要得到人们的认可，进而对人们的行为产生某种影响。也就是说，规则的建立是互动的结果，是行动者之间互相博弈的结果，不是由某一行动者单方决定的，它还取决于其他行动者的反应，需要得到其他行动者的认可。在这些其他的行动者中，地方政府的反应最为关键。

显然，移民试图建立的某些规则并不能带来社会的协调，甚至会引发不断的冲突，前文提到的几个事例都带有引发进一步冲突的可能，有些甚至是违反法规的。面对移民某些违反法规的举动，地方政府（移民办）以强硬的不妥协方式进行了处理。不过移民办以这种方式解决与移民有关的冲突是很少见的，笔者在调查中仅接触到一件这样的例子，那就是前文提及的第二批落户崇明的移民在途中群体闹事以及抵制登岸的事件。事件发生后，崇明移民办对于带头起事、动手打人的几户移民作出了处理，处理的方法说来也简单：拒绝这几户移民落户崇明，退回原地。面对将被退回，带头闹事、动手打人的人放软了，崇明移民办却毫不让步，他们只能返回云阳。回到云阳后，他们又央求云阳县移民办出面为他们求情，希望上海能重新接受他们。作为云阳县方面讲，也希望能尽快地解决这类遗留问题，在云阳移民办的请求下，经过几番协调，其中几户又回到了崇明，不过，当时闹得最凶的两户最终还是没有能够落户上海。

当崇明移民办将那几户带头起事的移民退回原地后，其余移民的心中是很不服气的，他们属于同一个群体，他们是一起来上海的老乡，当其中有人受惩受罚时，其余人自然会有不满，有情绪，这是情理之中的。很难讲清什么原因，不知是对是否移居上海尚未考虑成熟，还是对移民办处理冲突的方式表达无声的抗议，一些移民面对应该立即办理的落户手续迟迟不去办理，既不表明态度，也不说明具体理由，只是静静地拖延着。针对这种情况，崇明移民办来了一个截止时间，凡至截止时间前尚不办理落户手续的，一律退回云阳原地，上海将不再接收，迫使那些迟迟不办者作出“去或留”的抉择。在此压力下，最后他们全都选择了“留”，都在截止时间前办理了落户手续，有个别几户人家是离截止时间十来分钟才来办理落户手续的。

显然，“退回原地”是作为一种处罚手段在运用的，“截止时间”表达了移民办的强硬态度。它以惩戒的方式起到了两方面的作用：第一，以惩罚方式把住入住第一关，“逐出”既是对打人行为的处罚，也减少了以后的不稳定成分。从控制的角度讲，这类喜欢寻衅滋事的人应尽量将其逐出。第二，这种不妥协的解决方式对于其他移民具有明显的警示作用，它在表达着这样一个信息：动手打人、寻衅滋事等违规行为是决不容许的。对于违规的行为若不加以惩戒，那么，这种行为对于其他人便有可能成为不良的引导和示范。违反法规的行为绝不能蔓延。

政府不仅通过行动控制移民试图建立的印象，而且也在塑造自己的形象。移民落户以后，移民办以及其他政府部门在各个方面给予了他们大量的照顾和帮助，比如，为移民做好事，传授移民种植技术，帮助移民解决生活困难，这些行动表明了政府的诚意，建立着“政府是为移民负责的，是为移民着想的”形象，标准化的安置措施表明着“政府办事是公正的”，因此，移民们普遍认为上海政府好，上海的警察好，但是，也有个别的移民却由此认为上海的警察软弱。有一次一位移民用摩托车非法载客时遇到了交通警，他不仅不听交通警的劝阻，反而在与交通警的争执中，动手打了交通警。崇明县副县长在谈到这件事时明确讲，我们要使移民知道，上海警察虽然讲道理，但并不意味着软弱，移民违反法规的行为同样会受到惩罚。这位动手打警察的移民最后受到了刑事拘留的处分。

行动者双方都力图按照自己的意愿建立某种形象，建构有利于自己的规则。一方面，双方都刻意为自己塑造一种形象，以影响对方的判断与行为;另一方面,又在互动中逐渐形成对对方的一种一般的或基本的看法与判断。移民在用自己的行动建立“移民不好惹”的形象,而地方政府则以“依法办事”阻碍着这种形象的形成,并且试图纠正对方的某些判断,同时,也在塑造着“政府是帮助移民的,但对于移民违反法规的行为同样不会姑息”的形象。互动中的双方以行动的方式表达着自己的意愿,结果是双方互相形成对对方的基本判断,并由此成为行动者选择行动策略时的依据之一。

二、词语解释权的博弈

在规则的建立中不仅存在着围绕“印象”展开的博弈,还存在着词语解释权的博弈。解释权,即给词语下定义的权力,是一项重要的权力,控制了解释权,也就是控制了话语权。解释之重要,不纯粹取决于词语本身的内容及其意义,更在于词语与现实的联系,以及词语概念在社会生活中的作用。三峡移民为三峡工程的建设作出了贡献、作出了牺牲,得到了社会各界的高度肯定。同时,“移民”在某种程度上也在成为一种身份,这种身份给移民带来了许多好处,如在松江,一位移民晚上回家迷了路,交警知道后,用车将其送回;在南汇,一位移民因邻居纠纷将对方打伤,看病治伤的医药费大部分由村委会负担了。显然,移民的身份在其中发挥了特殊的作用,因为他们是移民,所以受到了特别的照顾。而移民更试图通过对“移民”这个词语的解释来强化这种特殊性,“有意”地建构自己的特殊身份。移民办官员在介绍情况时大都讲到一些移民特殊公民思想严重,不少移民具有这样一些想法:“移民为国家建设作出了牺牲,要得到特别的照顾”,“移民的要求应当得到更多的满足”,“移民的工作(指企业就业)要由政府统一安排”,等等。更有甚者,有人以玩笑的方式把其中的特殊性夸大到了极端,自称“我们是朱镕基派来的”。

问卷调查中同样可以看出一些移民具有类似这样的特殊公民的想法,具体调查结果见表11。

表 11　特殊公民意识的调查

我们今后的生活应该由政府全部负担	人数/人	百分比/%	两年以后我们应该凭借自己的能力*	人数/人	百分比/%
非常同意	2	3.6	非常同意	13	23.2
比较同意	10	17.9	比较同意	25	44.6
讲不清	14	25.0	讲不清	12	21.4
不大同意	21	37.5	不大同意	6	10.7
很不同意	9	16.1	很不同意	0	0.0
合　　计	56	100.0	合　　计	56	100.0

* 政策规定移民落户以后有两年的政策扶持期，在此期间移民能享有各项政策性补贴。

表 11 中两道题目反映的是同一个问题，无非是一题正问，另一题反问。在前一题中，"非常同意"与"比较同意""我们今后的生活应该由政府全部负担"的移民合计占 21.5%，此外，对于这样一个明确的问题还有 25.0%的人表示"讲不清"；后一题中，对于"两年以后我们应该凭借自己的能力"这一问题的回答情况要好一些，但毕竟也有 10.7%的人表示反对这一说法，还有21.4%的人态度暧昧。特殊公民的思想是比较明显的。

这些都是移民对"移民"的看法，也是他们对"移民"这个词语的解释。在这些解释中有两个特点：一是强调身份的特殊性；二是强调身份与利益之间的联系，力图使"移民"成为一种身份，成为移民所拥有的政治资源。这些解释与其他行动者无关，其指向是政府，归根到底，移民是在强调政府的"责任"，实际上是对政府的行动提出了某种要求。假如这些解释成立，得到政府的认可，就意味着在移民与政府的互动中形成了一种规则，便会导致这样的可能性：移民遇到困难便向政府伸手，如果政府无法解决其困难或没有满足其要求，便会出现不满，甚至出现冲突。作为政府，不可能去承担这种"无限"责任，不能让移民的解释取得"合法性"，成为一种规则。因此，政府做了许多努力来淡化移民的特殊身份，调查中许多移民办干部都谈到，他们

“多次组织镇、村干部深入移民家中进行宣传教育，反复向移民讲清楚移民的身份是农民”，移民不是“特殊公民”，“从而纠正了移民中存在的特殊公民的想法”(《崇明县安置三峡库区移民工作领导小组试点总结材料》,227)。同时，政府也在给“移民”下定义：“移民仍旧是农民”，这种解释同现实的联系在于为政府的“以农安置”提供了合法性依据，企业工作不属于移民安置工作的“责任”之内。政府的解释是权力的体现，限制了移民的自由余地，使移民无法以“没有工作”作为理由进行抗争。政府为移民提供大量的企业就业岗位，则是政府对移民的一种帮助，而不是“法定”，不是必须的。政府通过对“移民”的解释力图占据行动的主动性。这是一种词语解释权的争夺。围绕着怎样解释“移民”而展开的博弈同样具有建构规则的意义。

在词语解释权的博弈上，移民与政府可以说是弈成了一个“平局”。一方面，移民的一些要求并没有得到全部满足，当然，符合政策规定的要求得到了充分的满足，没有满足的主要是那些超出政策规定的要求，这从移民的不满中可以感觉到；另一方面，政府并没有如移民办干部讲的那样，真正“纠正了移民中存在的特殊公民的想法”，上述问卷调查的结果已经清楚表明了这一点。并不仅仅是“想法是否得到纠正”，而是移民毕竟是从移民的特殊身份中得到了许多的帮助，更受到了特别的对待：为什么移民卡车超载运货、摩托车非法载客交警往往视而不见，因为他们是移民；为什么移民以困难为由或结婚为由能够向村政府借到钱，因为他们是移民；为什么移民能够不缴纳那些公共事业费，而且没有人前往催缴，还是因为他们是移民。无论政府如何宣传，如何强调“移民不是特殊公民”，移民就是具有某种程度的“特殊”公民，“移民”已经成为某种程度上的特殊身份。事实上，在政府的政策上，明确规定移民有一个过渡期，在过渡期内，移民能够享受一些特殊的照顾性政策，与当地村民不一样。也就是说，政府已经以政策的形式肯定了移民的“特殊性”。不过，这个特殊性又被政府限制在一定的范围内，过渡期只是两年，两年以后，移民将与当地村民一样，如果两年以后生活仍有困难，将按照贫困户或以帮困的形式予以照顾，而不是因为移民而得到照顾，以此淡化移民的身份，使移民作为一种身份不再存在。

这种话语解释权的博弈只是在移民与政府之间展开，也就是说，只有在政府官员或政府部门面前，移民才会积极主动地表明自己的身份："我们是移民。"此时，移民的身份成为一种资源，成为与政府讨价还价或索求利益的手段。然而，在与其他行动者发生互动时，移民的身份可能不仅不起作用，反而会带来不利的结果。比如，有的单位在招收人员时，可能存在各种顾虑，不是很愿意招收移民。当移民知道这一点时，便不会主动亮明自己移民的身份，而是试图隐瞒这一身份。移民的身份只是在面对政府机构时，才会发生作用。

三、强者的妥协

有冲突就有妥协，妥协就是让步。妥协有助于缓解冲突、避免冲突、化解冲突，也有助于规则的确立。在不同的情况下，行动者妥协的意义和导致的结果是不同的。势均力敌的情况下，冲突双方的相互让步、相互妥协是双方合作意图的体现，有利于促使双方的合作，单方面的过大让步意味着软弱；在强弱差异明显的格局下，弱者的妥协实际上是对强者建立的既有规则的无条件服从，是对既有规则的无条件遵从，是对强者的屈服；而强者的妥协，则能取得弱者对规则的承认，缓解强者和弱者之间的对立关系。因此，对于弱者的分析，侧重点在于他们是怎样利用自己有限的自由余地去抵制对自己不利的既有规则，而对强者策略的分析，不仅应有控制策略的分析，也应有妥协策略的分析。讨论强者的妥协比讨论弱者的妥协更有价值。

地方政府，作为拥有各项政治、经济、社会资源的强势者，完全能够利用各项资源实现自己的意志。但在面对移民这个比较特殊的群体时，移民的身份起到了一种特殊的作用，它使政府在处理移民问题时多了一份考虑，有时不得不作出一些必要的妥协，不能完全按照解决当地村民问题的方式来处理移民的问题,移民受到了特别的对待。

这种妥协,大致有两种情况:一种是有原则的妥协,对于移民违规事件的处理并没有妥协,只是在处理方式上显得谨慎细致,以取得其他移民的理解。比如,前文提到的移民动手打交警的事件。动手打执法的交通警,性质是比较严重的。打人者确实受到了拘留的处罚,但是,拘留的执行却显得有点特殊:移民办干部来到其余移民家中,挨家挨户向他们说明事件的原委,向他们解释拘留的理由,颇费周折,远没有像拘留其他群体的违法者那样干脆利落。显然,移民所试图建立的诸如"移民的团结"等印象已经影响到政府的行为。移民办是在取得移民的理解,防止那些不明原委的移民出于"老乡"的感情不问情由蜂拥而至,扩大事态。打人行为必须受到惩戒,这是原则,但也必须要保持移民的平静,以免事态扩大,就此意义讲,移民办的谨慎是必要的,一定的妥协是必需的。

当移民与当地居民发生冲突时,移民办或村委会等政府部门不是冲突的主体,而是冲突的仲裁者或调解者,由于扮演的是第三者的角色,不存在是否妥协的问题,而是调解或仲裁是否公正的问题。从调查到的结果看,就冲突事件的解决本身而言,移民办不会偏袒任何一方,调解是公正的。但是,在涉及经济问题时,事后可能会给移民一些补助或补偿。当地村干部讲了这样一件事,南汇某村的一户移民,在工厂工作之余,还将饲养兔子作为副业以增加收入,在出售兔子时在价格上与同为养兔出售的当地人邻居出现了竞争,那位邻居将销售价格压得很低,而他却由于饲养经验等问题无法将价格随之降低,于是,双方出现了争吵,继而大打出手,结果是移民打伤了邻居,那位邻居看病治伤花去的两千多元医药费在村主任的调解下得到了赔偿,伤人者赔钱天经地义,不过,两千多元的赔偿款中倒有一千多元是村委会出的,移民自己只赔偿了四五百元,村委会的偏袒是显而易见的,却也是无奈的。可以设想,假如两千多元全让移民赔偿,这场纠纷是相当难以解决的。不过,这种偏袒没有伤及另一方,仍然保持了调解的公正性。

另一种妥协是政府出于无奈。移民动手打了人，而且打的是警察，所以受到了刑事拘留的处罚，如果他没有打警察，或者说，如果移民没有与警察或政府部门发生直接的冲突，他们只是“温和”的违规，比如，非法载客、超载运货等，当地政府如何处理？从调查中了解到的情况看，当地政府基本上是采取了妥协的态度，那是一种无奈的妥协。在“动手打警察”的事件中，政府处罚的只是“打警察”的行为，而不是“非法载客”的行为。实际上，无证载客在移民中并非个别，警察对他们管得很松，一般不加过问；对于一般的超载车辆，交警查得非常紧，而移民的车辆超载了，警察却很少拦截，往往视而不见，这已在当地成为公开的秘密。

妥协是对对方的某种行为方式的合理性和适当性的确认。政府的妥协等于是默认了移民的行为。同时，移民的行为也得到了其他群体的认可。当地人都知道，移民的车交警不会查，同样雇一辆车，雇移民的车可以载更多的货，于是人们纷纷雇移民的车，结果是移民的货运生意大为增加。“移民的车可以超载”已经成为一条事实上的规则，这既是对既有规则的破坏，也是移民试图建立有利于自己规则的行动。移民建立规则的行动取得了一定的结果。

不过，这是过渡期的一种特殊情况，移民初来乍到，许多方面还不适应，尤其是一些生产技能还没掌握，缺乏固定的收入，经济显得拮据。在此情况下，政府作出一定的妥协是必要的。而且，政府只是默认，并没有正式承认移民行为的合法性，从而保持了行动上的灵活性。可以预见，随着过渡期的结束，随着移民的适应，超载运货之类的行为将会受到制止。

移民能够建立起某种规则，这是以政府的妥协为前提的。妥协起到了缓解冲突紧张度的作用，也起到了确认行为适当性的作用。一种行动是否适当，行动以前往往不一定能够确定，而是在行动中通过对方的反应进而了解到自己的行动是否得体，是否合适，根据对方的反应进行着修正。当某种行动得到了对方的确认，取得了各方的认可时，也就隐含着某种规则的形成。

四、群体行动的解体

移民试图建立的“印象”是移民群体的印象，词语解释权博弈中的“移民”指的是移民群体，政府作出的某些妥协针对的也是移民群体。移民从一开始就是以群体的姿态出现的。无论理论上对群体如何界定，都无法否定移民的行为带有一定程度的群体性。移民的行动，即使是移民的一些个体行动，都是发生在移民群体这个背景之上的。对移民的行动及其策略进行分析，必然要涉及对移民群体的分析。

诸多的共同性将那些原本可能并不相识的移民连接了起来，使移民成为一个群体。他们来自同一个地区，在同一个时刻背井离乡来到同一个遥远的陌生地方定居落户，这些共同性成为连接他们的情感纽带；而相同的利益，相似的知识背景，相近的社会地位构成了群体行动的基础，落户以后发生的一系列群体行动进一步加强了移民群体的纽带；社会对待移民的方式，比如，政府的标准化管理措施，社会各界对移民的帮助，表明了人们是把移民作为相同的一群人来看待的，来自外界的认同强化着移民的群体意识。

所有这些都说明着移民群体具有很强的凝聚性，但是，这样一个凝聚性很强且具有共同利益的群体却很少出现群体性的行动，调查中所了解到的一些群体性行动全都发生在移民落户的初期。不仅如此，即连群体行动赖以产生的基础——移民群体本身也在逐渐变得松散。那些原本能促进群体凝聚力的诸多“共同性”却没有促成群体行动的出现，也没有促使群体进一步发展，群体以及群体行动不仅没有向组织性、严密性的方向演变，反而是逐步走向解体。究竟是什么原因阻碍了群体行动的出现？是什么因素导致了群体以及群体行动的瓦解？

对于此类现象，奥尔森在《集体行动的逻辑》一书中曾经作出这样的解释(奥尔森，1992)，对于公共利益，任何单个成员作出的贡献或牺牲，其收益必然由集团中的所有成员所分享。这种不对称的成本收益结构极易导致集体中的成员没有付出成本、却能分享利益的“搭便车”行为。由于搭便车行为的存在，理性、自利的个人一般不会为争取集体利益作贡献，奥尔森由此得出结论，集体行动的实现非常不易。

在移民中同样存在着搭便车的行为。前文曾提到由于房子高度没有达到设计要求从而引发一部分移民闹到区移民办，那些没有参与“闹”的移民最后与那些“闹”的移民一样，得到了完全相同的赔偿。无论那些不参与“闹”的人是否存在“搭便车”的动机，“搭便车”的结果是显而易见的。不用承担“成本”却能坐享其成，何乐不为？这是一种生活常识，面对具有一定风险的集体行动或是不参与，或是虽参与却“缩”在后面，隐没于其中，是人的一种最为普遍、最为常见的正常心态。

但是，搭便车的现象能够说明人们为什么不去参与、不去追随群体行动，却不能充分解释群体行动为什么难以出现的问题，这是两个密切联系又有所区别的问题，因为“搭”（占便宜）的前提是“车”（利益）的存在，没有“车”，何来“搭”？“车”本身就是群体行动的结果。现在的问题是为什么人们不去争取“车”，也就是为什么群体行动不容易出现？

在上层社会与下层社会，尤其是在支配者与从属者这样特定关系的情景中，仅用人们的搭便车心态来解释下层群体的群体行动似乎不够充分，期间，除了要考虑搭便车的心态，还应该考虑到这种特定情境中的权力因素。从从属者的角度讲，权力因素的影响主要从两个方面表现出来：一是对权力的畏惧，二是对权力的迎合。

（1）对权力的畏惧。事实上，当移民以群体方式行动并占据充分理由时，问题往往很快得到解决。移民办因房子高度不符合标准而向移民赔偿就是个典型的例子，群体成为移民的主要资源。但是，移民办对于移民群体式的行动是非常关切、严加防范的，“分散安置”移民的目的之一就是从空间上削弱移民之间的联系，防范移民的群体性行动。“闹事”一词已经为移民的群体性行动定了性。如果移民将群体行动的对象指向政府，其中所冒的风险不言而喻，稍有不慎，便有可能触犯法律法规。即使存在充分的理由，有充分的把握集体行动能够达到目的，也会担忧开罪支配者是否以后会受到权力的报复性惩戒，虽然移民办不可能利用权力去报复某个移民，但移民存在这样的担忧是可以理解的。因此，移民在采用群体行动的时候是非常谨慎的，也会尽量避免群体行动的形式。

如果将“对权力的畏惧”包含在奥尔森所讲的群体行动的“成本”之中，那么，“对权力的畏惧”就以风险成本的形式成为人们“搭便车”的一个重要理由，但同时也是群体行动难以出现的一个原因。

(2) 对权力的迎合。移民群体是社会底层群体，移民内心所具有的那种向上性意愿是不可能借助于移民群体实现的，也不可能在移民群体内得到满足的，他必须向群体外发展。而生活资料的获取，也必然超出本群体的界限，移民必须要与其他群体发生联系。发展的要求和谋生的需要驱使着他们向群体外发展。

向上性意愿试图达到的是个人目标，追求的是个人的发展和对个人的利益，而不是群体利益或公共利益。个体在考虑行动时，更多的是出于个体利益，而不是群体利益，当弱势群体中的成员主动配合群体外的强势者，取得强势者的认可与赞许，利用强势者的权力以实现自己的个人目标时，向上性意愿就以迎合的方式表现了出来，这是对权力的迎合。

底层社会的群体行动其矛头往往指向权威，甚至挑战权威，而迎合则是对权威或权力的配合，迎合和群体行动在与权力的关系上是背道而驰的。个体所具有的迎合倾向直接削弱着群体行动的基础，侵蚀着群体的凝聚力。如果说搭便车行为以及可能构成搭便车理由的“对权力的畏惧”因素，是出于回避风险，带有“不敢参与”群体行动的含义，那么，基于向上性意愿之上的迎合则更多含有“不愿参与”的成分。但无论它们的区别是什么，它们共同瓦解着群体行动。

显然，在移民群体内存在两股相悖的力量，一股是促使群体凝聚的力量，群体成员的诸多共同性，包括共同的利益及其意识，构筑了群体行动的基础，群体的共同行动反过来又促进着群体的凝聚性。另一股是促使群体解体的因素，群体中搭便车现象的存在，从属者在支配者面前表现出的对权力的畏惧和对权力的迎合等等，这些因素又在瓦解着群体行动的基础，使群体难以真正凝聚，并逐渐导致群体的解体。

这些相悖因素的存在，使身处其中的个体常常感受到内心的矛盾，面临着两难选择。一方面，群体为其中的个体带来心理上的安全感和情感上的抚慰，这对于一个刚到他乡异地的人来说是十分重要的，个体若要获得这种心理上的安全感和情感上的抚慰，就要遵守群体的规则，保持群体的一致性，面对群体行动就要积极参与，否则，将会受到群体的排斥；另一方面，积极参与群体行动意味着要承担一定的风险，个体内心的那种搭便车动机、对权力的畏惧和对权力的迎合等因素使其面对群体行动时多了一份犹豫和担忧，其内心是不愿参与或不敢参与，抱有退缩的心态。

在两种力量的交锋中，促使凝聚的力量在群体范围内的公开场合中常常占据着上风，它在群体中具有一种“合法性”，这种合法性突出地表现在面对外部冲突时，群体成员可以公开召集或“相请”其他成员参与群体行动，这种“相请”几乎容不得推辞，被请者也难以推辞。在调查中了解到的几个群体冲突事件中，许多人都是在亲戚或朋友亲自上门或打电话的“相请”中参与的，尤其是在那次崇明的移民全体出动“解救”被果园保安“扣住”的伙伴事件中，移民就是这样相互邀请的，住得远的，电话邀请，住得近的，直接上门相请，其中的一位参与者在接受采访时，吞吞吐吐地承认自己也参与了，接着又辩解说，大家都去了，自己不能不去，如果不去，以后相见有点不好意思。

来自群体的压力是巨大的，当个体违背群体内的规则就会感受到这种压力。非正式群体的规则一般都是含蓄的，其存在形式类似于加芬克尔所说的默认规则，在成员遵守规则的情况下很难感受到规则的存在，由此对群体成员造成的压力是无形的。而在移民这样一个特殊的群体中，有的规则已经不是一种默契，比如，像“有事要大家帮”这样的规则是明确约定的，在对外冲突的情况下，“有事要大家帮”几乎意味着公开动员群体成员参与群体行动，由此形成的压力已经不是“无形”的，而是“有形”的。如果推辞，个体遭受的压力会远大于一般非正式群体中的无形压力。在这种压力面前，搭便车行为会被视为占便宜遭受谴责，对权力的畏惧会被视为胆怯受到嘲笑，对权力的迎合会被视为奉迎遭到鄙视。群体的巨大压力压抑着与群体规则不和谐的声音，几乎以强制的方式将群体成员卷入到群体行动之中。

但是，搭便车的动机、对权力的畏惧和对权力的迎合是一股暗中的侵蚀力量，它是一种隐藏的文本，在公开的场合似乎看不到它的痕迹，但它却从个体的内心深处动摇着个体参与群体行动的决心，告诫着个体不可轻举妄动。

如果个体在这股力量的动摇之下没有参与群体行动，他也会试图作出各种掩饰。在南汇航头镇的调查中(此案例的调查者为上海大学社会学系硕士生许小玲同学)，一位移民有这样的一段表述，从中可以看到他在行动的选择中为自己做了许多开脱：“在许多事情上我们不去找政府闹，是看着潘老师的面子(潘老师是航头镇移民办的负责官员，原先当过中学老师，人们仍习惯地称呼他为潘老师)，不想给潘老师找麻烦，在房子高度的事情上，奉贤和金山的移民都去闹了，拿到了补偿，可是，我们没有去闹，如果我们直接去找政府，他们还以为我们故意闹事呢。我们有什么事情就和潘老师说，他会给我们做主的，因为我们信任他，如果不是潘老师而是别人，我们肯定要找政府讨个说法。”

事件发生后人们的表述或回忆不等同于事件发生时人们的真实考虑，但是，对事后表述或回忆的分析，可以成为推断人们当时的真实考虑的一种依据。从这段表述中可以看出或推出这样几点：① 只字不提坐享其成的事实。这位移民事实上是搭了便车，同样拿到了补偿。因为政府是按照标准化的措施开展移民工作的，当那些闹到政府的移民拿到了补偿，意味着其他移民也都拿到了补偿，这一点在其他各地的调查中都得到了证实。但这位移民在表述中回避了这一点。② 掩饰对权力的畏惧。他认为直接找政府会被政府看做是"故意闹事"，所以，不但没有像金山、奉贤的移民那样去闹，连政府都没有直接去找，流露出对权力的畏惧，但又以"不想给潘老师找麻烦"对此作了掩饰。③ 力图取得移民群体的理解。他（们）感受到的压力不大，因为他所处的群体并没有发生群体行动，即使如此，他（们）还是作出了象征性的行动：向潘老师也就是移民办反映。这是最合法的行动，既不会开罪权力，也表明着不是坐享其成；并以虚拟语气的方式"如果不是潘老师而是别人，我们肯定要找政府讨个说法"表明参与群体行动的意图。④ 流露出对权力的迎合。潘老师的工作是出色的，但是反复的赞赏与刻意的强调，未免有迎合之嫌。

也就是说，尽管他没有参与群体行动，但也要表明参与群体行动的意图，尽管是坐享其成，对权力存有畏惧，也要力图掩饰或回避。这些表明着搭便车的动机、对权力的畏惧和对权力的迎合等是以隐蔽的方式发生着作用。

促使群体解体和促使群体凝聚的两种力量之间的冲突，在个体身上也以"安全"与"自由"之间的冲突表现出来。个体被群体接纳会获得群体带来的安全感，但他必须遵守群体的规则，规则是对行动的制约，意味着个体不能自由选择行动，面对群体行动，个体失去了选择的自由余地；若想获得选择的自由，就有可能失去群体带来的安全感，由此，安全与自由之间出现了矛盾：安全的不自由，自由的却不安全。安全与自由两者难以兼得。美国心理学家弗鲁姆在《逃避自由》一书中曾有一个著名论断（弗鲁姆，1941），安全的社会不自由，自由的社会不安全。这个论断对于群体似乎同样适用。

两种相悖的力量相互制约，据此很难确定群体行动是不断加强还是走向解体。群体行动是群体对外的行动，群体的外部环境必然成为影响群体行动的重要因素。个体是采取迎合权力谋求自身的发展还是不畏权力、铤而走险，同群体的外部环境密切关联。群体的外部环境影响着群体行动的产生。宽松的外部环境可以为群体中的个体提供良好的发展空间，意味着个体向上流动的机会增大，个体内在的向上性意愿具有充分实现的可能性，其结果是助长了个体的向上性意愿。

宽松的环境促进了个体与外部的联系。随着与外部联系的增加，个体与群体外的成员会形成新的群体，或者会成为外部某个群体中的一员。此时，他对原来群体带给他的心理安全感和情感抚慰的依赖变小了，偏离原来群体的规则给他造成的心理压力也变小了。这些都意味着原来的群体变得松散了。

随着向上流动的机会增大，以群体行动表现出来的群体之间的冲突将被群体内部之间的竞争所取代(科赛，1956)。不仅如此，宽松的外部环境还会凸显群体内部的冲突，科赛曾指出(科赛，1956)，群体面临的外部压力会促使群体内部的团结；反过来，当不存在外部压力时，群体内部的冲突或纠纷便显现出来。移民刚落户时，对陌生的环境心存疑虑，对周围群体怀有戒意，担心当地人“欺生”，在这样的疑虑与戒意中，产生使当地人不敢“欺生”的想法，并导致了一些群体性的行动，此时，对外的冲突掩盖着内部的矛盾，但是，随着时间的推移，随着对新生活逐渐变得适应，他们感到了政府的诚意、社会的善意，外部的环境对他们是友善的。此时，移民之间的矛盾便暴露了出来，按照移民办的说法是，移民之间的矛盾很厉害。比如，在崇明的调查中，富民村有两户移民，刚落户时关系不错，被安排为邻居，后来，两户人家为了争夺一块共用地而发生争吵，原来良好的关系已不复存在。还有一些内部冲突表现为家庭冲突，最为典型的是子女不愿扶养老人，这些情况，最后大都由移民办或村委会出面调解。

如果说，对权力的畏惧、迎合等是对群体凝聚力的一种暗中侵蚀，那么，群体内部的冲突则是对群体凝聚力的一种直接的公开的瓦解。在这些因素的共同作用之下，群体以及群体行动逐渐走向解体。

第五章 走向融合

以移民作为研究对象，自然会涉及移民的适应，涉及移民与当地社会的融合。移民与当地社会的种种冲突，在很大程度上是移民尚未适应的表现，是移民尚未融入当地社会的表现。冲突促使着移民的适应，使移民逐渐融合到当地社会之中，作为一种新的成分被纳入到已有的社会结构之中。

在《现代汉语词典》中，融合一词是从“物”的角度作出解释的，是指“几种不同的事物合成一体”。将对物的解释引申为对人的解释，融合可以理解为“不同的人在生活方式、生活习惯、价值观念等各方面变得相似、类同”。当用于移民这一特定群体时，融合的含义大致相当于适应，只是两者的侧重点有所不同，融合强调了双方乃至各方、主要是移民与当地社会之间的融为一体，这是一个双方的冲突不断趋于平缓、不满日益减少、归属感与认同感逐渐增多的过程；而适应则侧重移民单方面，在融合的过程中，移民必须学习新的生活、掌握新的技能、改变已有的某些习惯和观念，才能适应新的环境，包括自然环境和人文环境。虽然移民的活动也会影响到当地的社会，但是，在一般情况下，当地社会对移民的影响要远远大于移民对当地社会的影响，因此，对于移民而言，融合的过程就是适应的过程，是移民通过改变自身以适合当地社会。

一、向上适应中的向上性意愿

三峡移民从我国中西部的崇山峻岭中移居到东部的沿海城市——上海，无论从哪方面讲，上海的条件都要明显优于移民的家乡。而上海，即使以发展最差的崇明为例，各方面的条件都要明显优于云阳，崇明地势平坦，气候温和，人口70余万，其中农业人口52万人，农民人均年纯收入4 033元。从云阳移居上海，这是一种由差到好、由低到高的迁移，是一种向上的适应。

这种由低到高的适应不仅可以从两地的社会经济发展水平来说明，其实从移民内心态度中，他们也是认同这种差异的。当第二批落户崇明的移民低达时，移民与政府之间曾发生了冲突，崇明地方政府的解决方法是拒绝动手打人者落户崇明，对那些迟迟不办理落户手续以表达不满者规定截止时间，这种以“逐出”的方式作为强制性惩罚方法之所以能奏效，是因为被惩罚者不愿“被逐出”，原因之一是因为他们内心中还是认为上海好，至少比他们能够选择的移居地区好，他们想来上海，却不是每个移民都有资格能来上海的。

调查中曾问起一位移民，如果一个上海人迁移到你们老家，将会怎样，这位移民毫不犹豫地回答说，他将没有办法生存，他会被饿死。回答未免夸张了些，却表明了他们完全认同两地之间的好坏差异。问卷调查中移民对于为什么选择上海的回答可以佐证他们对两地差异的认同(见表12)。

表12　选择移居上海的原因

为什么选择上海	选择人数/人	百分比/%
为了三峡建设，舍小家为大家	23	31
上海是大城市	18	24
为了孩子前途	25	34
随大流	5	7
其　他	3	4
合　计	74	100

“上海是大城市”与“为了孩子的前途”虽是两种选择，但反映出的动机是同一的，两者合计占到58%。而表13调查的是他们的通婚意向，原问题是“若其他条件同相同，你愿意你的子女与当地人结婚

还是与一同迁来的老乡结婚?”除了那些“无所谓”者,在“与当地人结婚”和“与老乡结婚”两者之间,他们更倾向于选择前者。

表13　移民通婚意向调查结果汇总

愿与当地人还是老乡结婚	人数/人	百分比/%
与当地人结婚	20	36.4
与老乡结婚	2	3.6
无所谓	33	60.0
合　计	55	100.0

虽然他们与老乡同来上海,并且在上海这个陌生的他乡形成了具有浓厚感情色彩的群体,但在婚姻的选择上,却倾向于与陌生的当地人结婚,从中反映出什么问题?三年多来,仅在崇明一地,就有十余名青年移民已经与当地人通婚了,当地村干部介绍说,这些婚姻全都是移民嫁女儿,当地人娶媳妇,而且,这些娶移民媳妇的男青年各方面的条件在村中相对来说都属于比较差一些的。在涉及两个地区的通婚问题上,共有的特征是落后地区嫁女儿,发达地区娶媳妇,这已是基本的生活常识。移民与当地人的通婚状况恰好符合这一常识。

移民的选择不仅反映着他们认同两地的差异,更是反映了人们心灵深处所具有的那种向上性意愿。向上性意愿是促使人们向上流动的内在动力,迎合仅是向上性意愿面对权力时的一种表现,向上性意愿也可以表现为追求发展的欲望,把握发展的机会。谚语云:“水往低处流,人往高处走”,人总是希望能生活得好些再好些。谋求自身的发展,寻求更大的发展空间,已是无须证明的生活常识。虽然家乡是美好的,却挡不住人们对新生活的向往和憧憬,禁锢不住人们对事业的追求,更何况家乡并不一定真的那么美好。“谁不说俺家乡好”歌声确是优美动听,现实情况却不见得如此。对美好生活的向往和追求在历史上曾经激励着无数的人背井离乡闯天下,他们告别家乡来到他乡异地安身立业,谋求更开阔的发展空间。发展机会足以抵消他乡异地的生疏感所带来的不便，一切生活上的不适应在发展机会面前都将变得无关紧要。

发展的机会和追求发展的欲望早已超越思乡之情。在他乡异地，他们思念着故乡，赞美着家乡，捍卫着家乡的荣誉，也时常“回家看看”，那种对家乡的特殊感情是没有离开过“家”的人难以体会到的。但是，他们中间却很少有人甘愿放弃在他乡异地千辛万苦谋得的那份职业和取得的那份事业，放弃那份舒适的生活，回到贫困的家乡与阔别的亲人生活在一起，更多的是相反情况，是设法把家乡的亲人接过来。更有人一旦离开贫困家乡来到富裕地方，便设法与当地人结婚，设法能在当地安家落户，从一开始就存有不再回老家的打算。人们常用“叶落归根”来形容身处他乡异地的人对家乡的那份感情，可是，为什么一定要等到“叶落”才愿意“归根”呢？

即使在今天，那些贫困地区的农民，在没有任何逼迫、任何强制的情况下，纷纷自愿地离开家乡，涌向东南部等发达地区，涌向大城市，他们住在城市中那简陋的屋棚中，从事着当地人大都不愿干的工作，甚至承受着当地人的歧视，但是，他们宁愿忍受这一切，也不愿回到自己的家乡。与此形成对照的是：几乎是同样贫困的三峡工程移民，却在采取各种抵制性的行动，不愿来上海，两者之间形成了令人费解的反差，究竟什么原因使他们不愿离开家乡？原因深藏于他们内心的深处，属于深层次的隐藏文本，正如迎合的意图常常是羞于公之于众，隐含于迁移过程中的那种向上性意愿也同样不会轻易启齿，以调查的方式很难得到真实的答案。这里作一个大胆的猜测：抵制是作为一种讨价还价的手段来运用的，抵制的目的在于向政府索取更多的补偿。迁移的强制性掩盖了移民内心深处的向上性意愿。

发达地区对于贫困地区的人具有天然的吸引力，由落后地区向发达地区的迁移，与人们内心中的“向上”的追求意愿是一致的，也为他们向上意愿的实现提供了一种机会。由差到好、由低到高的迁移同样需要适应，一开始也会有不习惯，但这是一种走惯了山沟小路改走城市柏油马路的不习惯，是烧惯了柴火改烧煤气灶的不习惯，是用惯了纸扇改用空调电扇的不习惯，由差到好、由低到高的适应同由好到差、由高到低的适应相比，是性质完全不同的两种适应。

由差到好、由低到高的迁移为移民的适应提供了有利的条件，但这仅仅是一种外在条件，适应的关键在于经济因素，他们是否能够通过自己的劳动获得稳定的生活来源，是否拥有稳定的生存手段，能否逐步致富。相对稳定的或固定的生活来源是适应的基本条件。调查中移民谈到不适应的地方或是不满意的地方，不少都是与实际的生活费用问题相关联。据在南汇区移民办工作的移民代表介绍，他们初到上海时，以下几个方面的差别立刻就感觉到了：一是老家用柴火烧饭，这里是用液化气烧饭；二是老家用的是山水，这里是自来水；三是小孩上学，老家是300元/年，这里却是1 340元/年；四是就医费用明显高出老家许多。这些差别大都涉及生活费用，来自贫困山区的移民，面对高出过去许多的生活费用，为了能节约一些费用，他们保留了一些原来的生活习惯，比如，他们为了节约一点煤气有时也烧柴禾。这些问题讲到底，是一个经济问题。

适应同落户时间肯定有关，但落户时间不是影响适应的主要因素，最主要的因素是经济来源和经济来源的稳定性。而经济来源的稳定性又与当地的社会经济发展状况密切相关。表14、15是松江、南汇和崇明三地移民对“生活满意”的回答对比。

表14 “态度”与移居时间的交互分析 单位：人(%)

	是否赞同“我们对目前的生活非常满意”			合 计
	同 意	讲不清	不同意	
松江(1年)	9(56.3)	3(18.8)	4(25.0)	16(100.0)
南汇(2年)	11(57.9)	3(15.8)	5(26.3)	19(100.0)
崇明(3年)	13(65.0)	4(20.0)	3(15.0)	20(100.0)
合 计	33(60.0)	10(18.2)	12(21.8)	55(100.0)

注：χ^2值对应的概率为0.923。

表 15 “满意”与移居时间的交互分析　　单位：人(%)

	对来上海后的生活总的来讲是否满意			合　计
	满　意	一　般	不满意	
松江(1 年)	7(38.9)	8(44.4)	3(16.7)	18(100.0)
南汇(2 年)	10(52.6)	7(36.8)	2(10.5)	19(100.0)
崇明(3 年)	11(55.0)	7(35.0)	2(10.0)	20(100.0)
合　计	28(49.1)	22(38.6)	7(12.3)	57(100.0)

注：χ^2 值对应的概率为 0.873。

一方面，表中的满意的人数明显高出不满意的人数，另一方面，他们的“满意”与他们来上海的时间长短关系并不明显，卡方检验值对应的概率分别为 0.923 和 0.873，均远远高于常用的显著性水平 0.05，表明满意状况与落户时间长短（地区）不存在相关，落户松江的移民是来沪时间最短的移民，但是，他们的满意状况与来沪两年、三年的南汇和崇明移民相比并不差多少，显然，时间没有成为影响适应的主要因素。比较三地的经济发展状况，松江是其中最富的，工业化程度最高，拥有的工厂企业最多，政府给每户移民都安排了一个企业的工作岗位，除此以外，每个家庭在移民办的帮助下还能够自己找到一份工作，相比之下，崇明在三个地区中发展速度最慢，缺乏大型企业，只有一些规模很小的民营企业，政府主要是以协商的方式请私营老板帮助安排移民的工作，虽然基本上做到了每户移民家庭能有一人在企业工作，但由于工资比较低，移民经常是工作没几个月便不告而别，工资低的工作不愿做，好的工作一时又找不到，这是崇明移民在落户后的前一、两年中经常出现的现象，也是他们不满意的主要原因。还有另外一种情况，政府安排了工作，移民高兴地去上班了，但没有多久，工厂倒闭了，于是工作也没有了。一时间新的工作又找不到。

在松江调查的时候，有一次正好同时采访两户移民，在问到他们是否满意目前的生活时，一户显得兴高采烈，似乎一切都很满意，另一户则支支吾吾，细问之下，兴高采烈的那位非常满意自己的工作，他在一家自来水厂工作，固定月薪在800元左右，加上奖金之类的，每月收入至少1 000元以上，而且工作稳定，自来水厂基本上不存在企业倒闭之类的风险，而另一位，固定工资只有600元左右，两家是邻居，两家的情况又形成明显的对比，收入低的总有些不高兴。

不过，收入的高低存在着心理预期的问题。调查中常听到移民办干部的抱怨："500～600元的工资为什么当地人能做，而他们却不愿做?"据介绍，在崇明，移民进企业的工资一般在400～500元左右，南汇略高一些，大致在500～600元左右，最高的为1 500元，虽然工资水平不高，但是，当地人也是这个工资水平，然而从云阳来的人却嫌这个工资低。迁移的强制性提高了移民对于收入的预期。

工作的稳定性与工作的好坏是影响他们满意程度的最主要因素，也是影响适应快慢的主要原因。工作的好坏，工作的稳定与否，直接影响到经济收入及经济收入的稳定性，也是"发展机会"的主要内容和重要方面。所谓"由差到好"的适应，其中的"差"与"好"针对的是人，是由落后地区迁往发达地区的迁移者，是迁移者的状况由"差"到"好"的转变，地区的"差"、"好"，只是为他们自身状况的改善提供一个良好的背景，发达地区意味着机会更多，有更多的工作机会，更多的致富机会，使他们内心中的那种向上性意愿有更多实现的机会，但是，这些机会若与迁入者也即移民无缘，地区的"好"对于他们将是毫无意义、毫无价值。不仅如此，身处富裕地区却身陷贫困之中，更会使人难以忍受。

二、适应中的双重认同

政府通过一系列的安置措施使各种机会与移民有缘。政府的安置措施就是政府的安置政策，反映了政府在政策上对移民的认同。

政策上的认同集中体现在户籍制上。移民一到上海，首先办理的是落户手续，原来的户籍变更为上海户籍。户籍的变更意味着从制度上认同了移民是“上海人”。这种认同，对于移民的适应是至关重要的。在目前的条件下，户口是一个人是否属于某一地域（行政区域）的制度认同，对于底层群体，制度认同之重要，不在于“是否上海人”这一标签本身，而在于这一标签会涉及一系列的政策性待遇，并由此影响到社会对他的认同。没有户口，就不是移民，只是“外来人员”，当地居民具有的权利他就不能享有。同样是移民的外来务工者，由于没有户口，得不到制度上的认可，几乎没有人认为他们是“移民”，尽管他们在当地找到了工作，他们在那里生活工作了数年、十数年，甚至更长的时间，他依然被看做“民工”，依然被认定为“外来人员”，到头来，也只能孑然一身、黯然地返回故乡。

户籍上的认同，其实质是权力的认同，是政府利用权力在制度上作出了合法的规定。来自权力上的认同加上三峡移民的特殊性，决定了移民的适应性质：移居上海的三峡工程移民的适应，不是一个自然的适应，而是在政府的积极干预或帮助下的适应。权力的认同转化为政策上的保护和扶持。

移民适应的关键是能否获得谋生手段和谋生手段的稳定性。正是在这个关键问题上，政府给了移民最大的帮助。上海政府根据上海郊区的土地实际情况，为每个移民分配了一亩一分的承包地，保证了移民的基本生存问题。在此基础上，为他们安排或帮助他们联系企业工作，保证每户有 1 人能进镇村企业工作。在5 500余名移民中，共安排了1 860人就业，若按户计算，平均每户有1.4人在企业工作，使移民能拥有稳定的生活手段和生活来源。调查结果基本证实了这一总体情况。从表 16 可以看到，总共 59 户家庭，由政府安排解决工作的也是 59 人，恰好是每户 1 人。其实，在所谓由个人解决的 61 人中，相当一部分也是由政府或村干部帮助联系落实的。

表16 “移民谋生方式由谁解决”调查结果汇总　　单位：人

谋生方式由谁解决	户主	配偶	子女	老人	合计
由政府解决	23	21	11	4	59
由个人解决	25	23	7	6	61
合　计	48	44	18	10	120

在企业较少的地区，政府鼓励移民承包更多的责任田，或是从事养殖业，并在政策上重点帮扶从事养殖业、种植业的移民。南汇区移民办介绍说，对于移民种植的农副产品，政府收购一部分，其余由移民自己销售。这在一定程度上缓解了产品销售难的问题。

来自政府的认同，或者说权力的认同，从制度上保障了移民生活来源和谋生手段的稳定性，为其向上性意愿的实现提供了条件。正是这种认同，规定了移民的适应性质，表明了移民的适应是一种由差到好的向上性适应。

除了权力的认同以外，还存在着移民对移入地社会的认同，这是一种双重认同。双重认同是钱皓在《美国西裔移民研究》一书中提出的一个概念，用以解释美国移民社会的架构和美国移民社会下所具有的独特的生成性文化（钱皓，2002：4），其含义是“指移民个人或移民团体在对其居住国持认同外，对其母国也表示强烈的认同情结”（钱皓，2002：4），认同不是非此即彼的，双重认同可以同时并存，不但不会发生冲突，反而可以与居住国更好地和谐相处（钱皓，2002：4）。显然，这里的认同主体是单一的，移民是认同的主体，所谓双重，是地域上的双重，既认同移出地，也认同移入地。然而，本文中的双重认同是指移民与移入地社会之间的互相认同，一方面是移民认同移入地社会，另一方面是移入地社会（关键是权力）认同移民。两种情况下的认同含义略有不同，前一种“认同”相当于归属，是移民对移入地的一种归属感；后一种“认同”的含义是认可，是指移入地社会对移民的认可和接纳。本文是从互相认同的意义上引入双重认同概念的，互相认同对移民的适应同样是至关重要的。

在一般情况下，移民对移入地的认同是很困难的，这种认同是一个深层次的情感适应。相比之下，深层次的情感适应比生活习惯、生活方式的适应要困难许多。无论何种迁移，对故乡的眷恋始终是影响移民适应的深层次情感因素，一般说来，移民可以在生活习惯、语言以及谋生方式等方面完全适应新环境，但在情感态度上却很难“随遇而安”，他们会不停地回头看，回头找，他们无法“忘怀”那片养育他的故土，不仅是那片土地，更是生活在那片土地上的故人，那里有他们的亲人，有他们的朋友；那里有他们童年的欢乐，少年的梦想，青年的初恋；那里是他们情感的故园，是他们心灵上的根。对于故乡无法割舍的关注和思念，常使他们产生一种莫名的惆怅，难以言状的失落，使他们很难在情感上完全“同化”于新环境之中，无法在新环境中感受到应有的心灵安居。对故乡的怀念羁绊着他们的适应步伐，妨碍着他们对移入地社会的认同。

但是，对于迁移至上海的三峡工程移民却有所不同，他们来到上海，虽然土地是陌生的，环境是陌生的，邻居是陌生的，但并不是一切都是陌生的，他们是举家合迁，“举村”合迁，故乡的亲人已随同自己一起来到了这片新的土地。整建制的整村迁移在将故土上的人全部迁移过来的同时，也将原来熟悉的社会关系、亲戚关系连带着一起相对完整地迁移了过来，他们之间虽然不一定同处一个村，但相隔并不远，亲人仍旧在一起，仍旧在附近，可以经常走走，经常看看。建筑在人际关系、亲情关系之上的情感故园依然存在。

然而，那片“故土”却不复存在。随着三峡水库开始蓄水，故乡的土地将被水淹没，永远沉睡在长江江底，对于曾经居住在那块土地上、现已迁居他乡的移民来说，这是生活环境的突变，意味着现在同过去的断裂，他们再也无法回到过去曾经居住过的陋室，回到故乡“看看”，江水吞没了一切，故乡已无从追寻，它不留痕迹地消失了，没有丝毫的遗址。他们已不可能踏上故乡的土地，即使他回到曾是故乡的那个地方，至多只能面对滔滔东去的长江水发出一丝叹息。故乡的山，故乡的水，故乡的一切，只能永久存在于记忆之中，成为停留在记忆中的一个个符号，一幅幅画面，这种记忆再也无法通过“回老家看看”得到强化，它终将随着时间的流逝而逐渐模糊、淡化。他们没有了退路，现在的“家”就是他今后永久的“家”，而不是临时的住处。他们必须适应新的生活，必须认同现在的“家”，虽然这种认同不是出自于自愿，带有明显的被迫含义，但是，被迫的认同也是一种认同。这种状况迫使他们在新的土地上寻求生存之道、发展之路，这是一种最现实的策略。

移民认同当地社会，当地社会也认同移民，特别是权力也认同移民，这种认同反过来促使移民的归属感。双重认同有助于双方达成和谐，消除冲突，促进移民的适应。

三、适应与局部秩序

适应是一个过程，适应的最终结果是移民与当地社会融为一体，移民变得与当地民众没有区别，纯粹是一个当地人，实际上这是一个土著化的问题，它需经历一个漫长的过程，没有几代人的时间，很难真正土著化。若按土著化的标准去衡量第一代迁移者的适应，那几乎意味着第一代移民不可能适应，土著化的过程很少能在一代人的身上完成。他们即使在移入地生活了一辈子，也可能仍有不少地方保留着原籍地的生活习惯或生活方式，可能还带着家乡的口音，按土著化的标准就是还没有完全适应，但是，在他们身上确实在发生着适应，哪怕只是落户几个月，也要比刚到时“习惯”不少。

怎么来评判在他们身上发生的适应？这种评判可能是非常困难的。因为适应的内容非常广泛，有人际关系方面的适应，风俗习惯方面的适应，也有气候条件方面的适应，以及生活方式、价值观念等各方面的适应，很难列举全面。适应内容的不同，适应的难度自然也不同。对于三峡工程移民而言，他们来到上海以后的适应，虽然是同一文化、同一民族、同一国度内的适应，与移居他邦异国相比难度要小得多，期间不存在着复杂的民族情感、国家意识、宗教信仰等方面的问题，也不涉及深层次的价值观念等方面的适应问题，但是，来自生活习惯、生活方式、语言等方面的差异造成的适应问题仍旧是十分复杂的。

不同的适应内容，适应的难度不同，需要的适应时间也不同。一般说来，生活习惯、生活方式方面的适应相对于价值观念、情感态度等深层次东西的适应，要容易许多，适应所需的时间也相对较短。比如，崇明的移民刚落户时，常常是按照原来的生活习惯，见树就砍，砍下当做柴火烧，当他们知道了要保护树木、懂得了绿化的道理后，乱砍滥伐的现象很快没有了。来上海后的短短两三年中，他们自认为在吃住穿等物质生活、人际交往方式以及生产劳动方式等方面基本已经适应了、习惯了当地的生活。实际上，这方面的适应并不一定很快，只不过是他们并不看重这方面是否适应，如果存在不习惯，他们只是认为无所谓。

语言可能是一个比较难以适应的方面。不过，同一文化内的迁移所造成的语言障碍，并不是来自两种不同的语言，只是同一种语言的不同方言的区别，文字是同一的，仅是口音不同而已，对于大多数移民讲，语言带来的交流障碍都是短期的，不适应是暂时的，数月或半年后，基本上都能听懂当地话，能用带有四川口音的普通话与当地人进行交流了。但是，他们要真正掌握当地语言却是非常困难的，对于三十来岁以上的人来说，四川口音的普通话或当地话可能要陪伴他们终身，成为人们“识别”当地人、外来人的一个依据。这时就存在一个在什么标准下讨论语言适应的问题。

两地迁移带来的适应与其他原因造成的适应往往交织在一起，两者的混同也会带来对适应评判的困难。调查中移民谈到不适应有这样的描述：上海生活节奏明显要快，工作紧张忙碌，有时有感冒发烧等不适也得上班，否则就要被扣工资，老家则宽松悠闲。实际上，这种不适应不是主要由两地之间的差异带来的，而是由职业差异造成的，即使当地人，变换了一种工作也会感到一时的不适应，当然，职业不适应的原因在于迁移，从西部的山区移居到东部平原必然意味着职业方面的重大变化。

适应的内容远不止这些。适应内容的复杂性和多样性，造成了不同的人讲到适应问题时指的可能是不同的适应内容，使用的是不同的适应标准。一个在移入地生活了十数年的人可能会说"还是有一些不习惯"，实际上他可能已经基本习惯了，只是偶尔还有思乡之情，而一个移居不到一年半载的人却会说"差不多已经习惯了"，他指的可能是生活已经稳定了，实际上情感、语言等许多地方还是有不习惯。即使对同一个适应内容，不同的人标准也不一样，因为这些具体的适应内容几乎没有量化的指标，在很大程度上是一个个人的主观感受，而人与人之间在适应方面存在的差异更增添了判断的主观性，几乎没有一个较为客观的统一的标准评判适应。

适应，这个原本意义似乎很明确的词，一个被日常普遍使用的词，细究之下，其含义竟是非常模糊，"是否适应"竟是一个很难讲清的问题，甚至是一个无法回答的问题。究竟拿什么来判断适应，以什么作为适应的标准？

如果换一个视角来考察适应，把视角从移民个体转到社会，从社会秩序的角度来评判适应，适应是否可以理解为：只要移民能像当地民众一样生活、一样工作，能与当地民众和睦相处，他们的行动不会妨碍社会的正常运作，他们与当地社会、当地政府之间的群体或准群体性的冲突已经消失，群体的影响不复存在，那么，就可以认为他们从总体上融入了当地社会，已经适应了当地生活。这样的理解，可能不符合一般理解上的适应原意，但是，却能反映由不适应到适应整个过程中的最初阶段或起始阶段。

事实上，社会也往往是从社会问题和社会秩序的角度来关注移民问题的。对于不同的移民,社会的关注焦点是不同的。比如,流动人员是现在社会关注的一个焦点,实际上,社会关注的焦点主要是其中进城打工的农民,是进城以后找不到工作的无业者,那些开办企业的投资者、从事高新技术或管理工作的白领,其中也有许多是外来者,然而他们并没有被社会作为外来人员而关注。造成这种区别对待的原因固然很多,但一个重要原因就是人们担心前者会对社会秩序造成影响,成为社会问题。

社会关注的是移民群体是否会成为社会问题,是否会对社会秩序造成影响,并不过多关注其中的个体是否适应。从社会学的关注点讲,个人问题是不会纳入到社会学的视野之中的,个人的适应问题应该是心理学研究的问题。一般意义上所讲的适应,并不能准确反映社会秩序含义上的适应,两者并不完全一致,因此,对于社会秩序含义上的适应,需要有一个区分性的概念来加以表述。本研究借用法国社会学家费埃德贝格的"局部秩序"的概念,将社会秩序含义上的适应称为局部秩序。

使用局部秩序这一概念,一是可以同本文中行动领域等概念保持概念体系上的一致性,二是在于凸显行动领域中的"秩序"因素,强调是从"秩序"的角度考察适应,是指一种外来因素出现以后,引起了原有结构的变动与调整,但原有的结构并未因此解体,而是在接纳了外来因素后,使其成为自身的一个组成成分,经过调整的结构仍是有序地运作。

显然,局部秩序对适应的理解不同于土著化的理解或人们一般意义上对适应的理解。在一般意义上,适应就是"适合",指适合客观条件或需要,移民只要感到生活中或其他方面还存在着不习惯,就意味着在这些方面他还没有适应,但是,适应是一个过程,经历着不同的阶段,从一开始的冲突、不习惯到认同、和睦相处直至最终的土著化。两种理解的区别在于关注的阶段不同,土著化的理解关注的是适应的整个过程,着眼于适应的最终结果,局部秩序的理解着眼于社会冲突的平缓直至消失,其关注点在于社会秩序,指的是适应过程的最初阶段。

冲突的不断发生和不断解决，使得冲突最终得以逐渐平缓，其社会结果是移民逐渐适应与融入移入地的文化之中，移民作为一个群体对社会秩序的消极影响已经不复存在。这个过程也就是局部秩序建构的过程。如果说适应是由不同的阶段构成的，那么，局部秩序的形成可以看做是适应的最初阶段，在这期间，虽然有些移民可能仍旧保留着原来的生活习惯、生活方式等等，有些人甚至始终不习惯当地的生活，终身操着家乡的口音，保留着家乡的生活习俗，留恋着家乡，但是，这种个人的生活习惯或生活方式已经不会对社会秩序带来影响，不会与当地社会的生活习惯、生活方式、价值观念等发生冲突，影响当地的社会生活。两种生活方式同时并存又有何妨？生活方式的多样化本身就是现代社会的一种特点。

在调查中，移民谈到了风俗习惯上的诸多不适应，主要是“看不惯”，有些移民看不惯当地村民中子女与老人分开生活的现象，看不惯当地人结婚时的排场，看不惯对小孩的过分宠爱。然而，这些“看不惯”构不成冲突的理由，它并不导致移民与当地居民之间的隔阂。用移民自己的话说，这些都属个人的生活习惯，没有理由加以干预。当然，当地居民也不会干涉移民的生活习惯。这些“看不惯”不会引起移民与其他行动者之间关系的不和谐。

局部秩序的形成意味着移民已初步纳入到当地社会中。从移民方面而言，局部秩序的形成就是一种适应，是初步的适应。适应侧重于个人或群体融入社会的过程，是一个不满日益减少、归属感与认同感增多的过程，而局部秩序则强调社会的秩序和社会结构的有序运作，是冲突日渐平缓乃至消失的过程。适应和局部秩序是从不同的侧面描述了同一现象。

四、局部秩序的形成

将局部秩序用以界定移民适应的最初阶段，那么，局部秩序形成的标志是什么?

移民作为一种新的社会成分,定然对原来的社会秩序带来一定的影响。移民与当地政府或当地社会之间出现的冲突就是这种影响的表现。显然,社会群体对社会秩序的影响要远远大于个体。工程移民同其他移民的一个区别是工程移民的群体性,工程移民往往形成一个群体,正是这种群体,最易形成对社会秩序的影响,因此,从社会秩序的角度讲,局部秩序形成的重要标志就是群体性的消除。群体性的消除,意味着一种独立的社会力量不复存在,就此意义上讲,群体的解体有助于局部秩序的形成。移民群体的解体与局部秩序的形成是联系在一起的。这里的群体不是情感意义上的,而是行动意义上的,也就是说,所谓的群体解体,并不是指移民之间不再来往,而是指不再出现共同的行动,或者共同行动的基础削弱了,乃至消失了,移民作为一个群体已经不会影响到社会秩序。

与群体的解体相联系的有两个方面:一是规则的掌握,二是群体成员的分化。

秩序是规则的体现,没有规则,就没有秩序。规则的形成使人们的行为变得可以预期,意味着行为的协调和秩序的形成。对对方行为的正确预期有助于行为的和谐,好比两辆相向而行的车辆,双方各自向自己的右侧偏让,保证了交通秩序,否则就可能相撞,而之所以向自己的右侧偏让,那是根据规则(交通规则)正确预期到对方也将向他的右侧避让。人们正是根据一定的规则在对对方的行动作出判断和预期,正确的预期保证着行为的协调,也是行为协调的外部表现,表明着双方互相理解了,行为的不确定性变小了。由此可以避免一些不必要的冲突,比如,有的移民在自家房子掘地三尺,以这种破坏性的方式来检查住房的质量,就是对政府的诚意缺乏应有的预期,结果为自己带来损失;有些移民因为得到的捐助少而找移民办要求解决,是因为他们作了一个错误的判断,把捐助当做了政府的补助,而移民办将此归结为移民的攀比思想,也是对移民的意图作了一个错误的判断。如果一个行动者总是以出乎人们意料的方式行动，或者总是对对方的行动作出错误的预期，那么，他们之间的关系很难达到和谐。行为的可预期性可以避免由于期望的错位而带来的不和谐。按规则行动或遵守规则提高了对行动预期的正确性。

但是，移民试图建构的规则以及他们为建构规则而进行的努力不仅不能促使秩序的形成，带来社会的协调，反而会引发不断的冲突，因为他们试图建构的规则大都是从他们本群体的利益出发的，往往带有在今后的可能冲突中占据有利态势的含义，而且常常隐含着对既有规则的破坏，这种规则很难得到其他行动者的认可。与这种规则的建构相伴随的便是冲突的过程。移民愈是努力建构规则，愈易引发冲突。因此，局部秩序的形成主要不是移民建构规则的过程，而是移民放弃建构规则的努力，包括放弃遵守移民群体内的规则，掌握和遵守当地社会既有规则的过程。

前文已经指出，移民是通过建立群体印象的方式来建立规则的，即以印象来影响人们对待他们的方式，这种印象是移民群体的印象，它的建立是以群体行动为基础的。移民放弃建构规则的努力，意味着群体行动的基础在削弱，群体意识在淡化；放弃遵守移民群体内的规则，既是群体解体的结果，也是群体解体的原因；而掌握和遵守当地社会既有规则，是他们融合进当地社会的一种表现。

掌握规则有一个过程，这个过程不一定是一帆风顺的，有时候可能要付出一定的代价。冲突中造成的损失就是这种代价的表现，比如，前面提到的移民因打交警而被拘留，因闹事而被退回原地，还有邻居纠纷造成的损失，等等。诸如此类的冲突中体现出的规则往往是含蓄的、隐蔽的，有时很难讲清移民从中到底掌握了哪些规则，但结果都是类同的，移民由此与当地社会的冲突减少了，关系变得相对融洽了。而从一些正式规则的掌握中或生活方式的适应中，比较容易看出移民为掌握规则而付出的代价，这些来自山区的移民虽然能在老家的崎岖山路上熟练驾驶摩托车，但在车来人往的城市马路上却有点不习惯，加之交通意识比较差，常常是不戴安全帽、穿着拖鞋驾驶摩托车，在这短短的两三年中，崇明、南汇都发生过多起交通事故，移民死伤都有。在生活方式的适应中，曾有这样一件事：一位移民按照老家的习俗在春节到来前买回一头生猪，像在老家那样回来腌着，想不到上海的气候与他们的云阳老家有很大差异，特别潮湿，他的腌制技术在上海不适用，结果是腌制的猪肉全部发臭了。

与群体解体相伴随的另一方面是移民内部的分化。移民在原地总存在一定程度的分化，他们从事着不同的职业，具有不同的收入，有的生活比较宽裕，有的则比较拮据，有的担任一定的行政职务，也有的从事个体经营，形成了不同的社会地位。但是，成为移民后，国家根据统一的补偿政策按人头补偿，到了移入地后，当地政府又是按照完全标准化的方法来安置他们，在统一的补偿政策之下，在标准化的管理方式下，移民之间原来的异质性减少了，相互之间的差异变小了，原有的分化缩小了。迁移，对于他们来说，好比是一局棋赛重新开始，大家都处在同一个起点上。迁移使他们之间类似的地方在增多，相同的经历，相同的处境，相同的利益，结果是他们之间的凝聚力增加了，促使了群体的形成，也促成了共同的行动。同样的道理，阶层分化会削弱移民之间的同质性，增加他们之间的异质性。当他们之间的差异再次变大时，再次出现阶层的分化时，也即意味着原有的群体在解体。群体是建立在诸多共同性之上的，这些共同性构筑了群体的基础，当这些共同性消失了，群体的基础也即不复存在，群体也就解体了。群体内部的阶层分化终将导致群体的解体。

事实上，分化已经开始出现，这种分化主要表现在经济收入上。一部分移民的生活好了起来，那些青壮年劳力比较多的家庭，容易找到工作，收入开始逐步提高，一些经营有方的家庭，开了店，还雇了人，生活水平已经明显高于过去，也有个别家庭收入反而有所下降，主要是那些年龄在四五十岁，有两个或两个以上子女的，且子女正在就学的家庭，四五十岁的人找工作明显不如二三十岁的人，而正在就学的子女又增加了家庭的支出负担。

在这种分化中，人们所具有的向上性意愿具有促进作用。向上性意愿影响着人的勤奋和努力，向上性意愿的强弱差异，影响着个人主观努力的差异，成为导致经济分化的主观因素。

职业的分化既是分化的一种表现，也是其他各种分化的重要原因。移民在原来的家乡主要从事种植业，来到上海后，许多人进入了工厂工作。职业工作直接导致收入上的分化，职业不同，收入自然不同，即使同样是工厂工作，收入也不会相同。据当地移民办介绍，移民进企业的工资一般在500～600元左右，高的在800～1 000元左右，最高的为1 500元。

职业工作不仅促使经济收入上的分化，它还为移民提供了一条联系社会、接触社会的途径，其结果是移民由此进入其他的社会群体。比如，进工厂工作使其成为职业群体中的一员，在工作中也会形成志趣相同的各种非正式群体等等，由此增加了移民从属的社会群体的复杂性，使其在群体属性上分属不同的社会群体或团体，他既是移民群体中的一员，也是某个或数个社会团体中的一员，这些群体之间一般都是相互独立的。这种群体属性的复杂性，也即移民分属不同社会群体的特性，带来的直接影响就是减轻了来自移民群体的压力，减少了移民对移民群体的依赖。齐美尔在提出他的相互关联的社会属性这一概念时，曾这样表述道，每个人都处于许多社会属性的结合部上，承受者与他人不同的社会压力，正是由于人们的各种社会属性之间存在着一定程度的相互独立性，所以个人就不会完全居于某个社会集团的压力之下。这样，“社会中的个人差别和个体性就日益发展”(齐美尔，1908)。

群体属性的复杂性在减轻移民群体压力的同时，也减少了移民对移民群体的参与程度。移民的关注范围扩大了，关注范围的扩大转移了移民的关注点，客观上减少了移民对移民群体的关注份额，同时也扩展了移民观察问题的视角，引起移民价值观、生活态度等各方面的分化。所有这些，最终都将导致移民群体内部的阶层分化，促使群体的解体。

结　语

本文以“控制与保护，抗争与迎合”的冲突模式探讨了地方政府与移民之间在面临冲突情景时采取的行动策略。在种种具体策略的背后，权力因素始终若隐若现地发挥着作用。地方政府能够对行动领域进行调整和控制，借以防范冲突，实施保护，凭借的是权力，是行政上的管理权；移民采取的各种策略同移民在权力强弱差异格局中处于权力的弱势地位相一致的；沉默的抗争之所以有效，同权力的退让存在一定关联；在服从的背后，隐含着的或者是对权力的畏惧，或者是对权力的迎合；对权力的畏惧或对权力的迎合同样也导致了群体行动的解体；而移民能否较快地适应移入地的生活也在相当程度上取决于权力的认同，仍旧是同权力联系在一起的。

在克罗齐耶看来，权力关系是人类关系的根本所在，是理解人类社会行动的关键要素（克罗齐耶，2002）。行动者拥有的权力状况制约着行动者的具体策略。“权力”源自行动者拥有的各类资源，在地方政府与移民的互动博弈中，地方政府作为地方社会的管理者，凭借着行政上的权力可以充分调动各项社会资源，而其拥有的各项社会资源又是其权力的体现和权力行使的保证；居于社会底层的移民在拥有的资源上明显处于匮乏状态。资源的不对称导致了权力的不对称，也可以反过来理解，权力上的不对称以资源不对称的形式体现了出来。资源为行动者提供了行动的选择性，增强了行动者的行动不确定性和多样性。行动者若能表现出更多的不确定性，能够控制其他行动者行动的不确定性，就表明了他在与其他行动者的互动或博弈中占据了优势的地位，其实质是该行动者扩大了自己行动的自由余地。行动者的基本行动逻辑就在于扩大自身行动的自由余地，限制对手的行动自由余地。

拥有绝对优势资源的社会管理者，不仅可以相对自由地采取不同的具体策略，而且能够从改变行动领域着手，通过行动领域的调整，按照自己的意志使行动领域本身成为制约行动的一种结构因素。移民的资源状况决定了移民在这场建构行动领域的博弈中处于完全的从属地位，但是，移民并不是无所作为的，资源的匮乏意味着行动自由余地的狭小，并不意味着自由余地的丧失，沉默的抗争表明了弱者一方同样在利用自己的有限资源拓展自己的生活空间，扩展行动的自由余地，他们也在试图建立有利于自己的规则，对“词语”作出有利于自己的解释，他们的行动或多或少地改变了行动领域。面对移民的沉默抗争，权力作出了一定的退让，权力的退让意味着强者在建构行动领域中所具有的自由余地同样是受到限制的，同时也意味着强者不可能完全限制弱者的自由余地。权力者固然占据绝对优势的资源，但是，其资源毕竟不是无限的。这些都说明行动领域是由各方行动者共同建构的，虽然不同的行动者在建构中所具有的作用并不相同。

由行动者建构的行动领域制约着其中的行动者，而行动者之间的互动和博弈又会引起行动领域的相应改变，行动领域是一个不断建构与再建构的过程，移民适应新的生活意味着移民作为一种独立的社会力量已经不复存在，从秩序的角度讲，意味着局部秩序的建立。

参考文献

[1] 李友梅.组织社会学及其决策分析.上海：上海大学出版社,2001.

[2] 贾春增.外国社会学史.修订本.北京：中国人民大学出版社,2000.

[3] 应星.大河移民上访的故事.北京：三联书店,2001.

[4] 庞树奇,范明林.普通社会学理论.上海：上海大学出版社,2000.

[5] 钱皓.美国西裔移民研究.北京:中国社会科学出版社,2002.

[6] 秦晖.两种清官论.南方周末,2001-03-02.

[7] 于建嵘.近代中国地方权力结构的变迁——对衡山县地方政治制度史解释.衡阳师范学院学报,2000,(4).

[8] 刘振,雷洪.三峡移民在社会适应中的心态.人口研究,1999,(2).

[9] 施国庆,陈阿江.工程移民中的社会学问题探讨.海和大学学报(社会科学版),1999,(4).

[10] 吴光宗.现代科学技术革命与当代社会.北京：北京航空航天大学出版社,1995.

[11] 孔子.论语·泰伯篇·第九章//杨伯峻译注.论语译注.北京：中华书局,1980.

[12] 司马光.进资治通鉴表//王仲荦等编注.资治通鉴选.北京：中华书局,1965.

[13] 韩非.主道//梁启雄著.韩子浅解(全两册).北京：中华书局,1980.

[14] 韩非.八经//梁启雄著.韩子浅解(全两册).北京：中华书

局,1980.

[15] (唐)吴兢撰. 杨宝玉编著. 贞观政要. 北京：燕山出版社,1995.

[16] 马克思恩格斯全集：第1卷. 北京：人民出版社,1972.

[17] [美] 费斯廷格. 认知失调理论. 杭州：浙江教育出版社,1999.

[18] [美] L. 科赛. 社会冲突的功能. 北京：华夏出版社,1989.

[19] [法] 米歇尔・克罗齐埃. 科层现象. 上海：上海人民出版社,2002.

[20] [德] G. 齐美尔. 社会学：关于社会化形式的研究. 北京：华夏出版社,2002.

[21] [德] 马克斯・韦伯. 经济与社会. 北京：商务印书馆,1999.

[22] D. P. 约翰逊著. 社会学理论. 北京：国际文化出版公司,1988.

[23] R. 柯林斯. 冲突理论的基础. 现代外国哲学社会学文献, 1984, (11).

[24] 彼得・布劳. 社会生活中的交换与权力. 北京:华夏出版社,2000.

[25] H. 布鲁默. 作为符号互动的社会//布鲁默. 符号互动论：观点与方法. 新泽西州,1969.

[26] 奥尔森. 集体行动的逻辑. 北京：华夏出版社,2001.

[27] 米歇尔・福柯. 规训与惩罚. 北京：三联书店,2001.

[28] 戈夫曼. 日常生活中的自我表演. 昆明：云南人民出版社,1988.

[29] 马基雅维利. 君主论. 北京：商务印书馆,1997.

[30] A. H. 马斯洛. 自我实现的人. 三联书店,1987.

[31] A. H. 马斯洛. 存在心理学探索. 三联书店,1991.

[32] 弗鲁姆. 逃避自由. 杭州：浙江教育出版社,1999.

[33] 苛勒. 格式塔心理学. 杭州：浙江教育出版社,1999.

[34] Brinton, C. The Anatomy of Revolution. New York: Vintage, 1957.

[35] [法] Erhard Friedberg 著,[美] Emoretta Yang(1997)译.

Local Orders Dynamics of Organized Action，1998.

[36] Ralf Dhrendorf. Class and Class Conflict in Industrial Society. Stanford University Press,1959.

[37] Robert K. Merton. Social Theory and Social Structure. New York：Free Press,1968：404.

[38] James C. Scott. Domination and the Arts of Resistance：Hidden Transcripts. Yale University Press，1990.

[39] James C. Scott. Weapons of the Weak：Everyday Forms of Peasant Resistance. Yale University Press，1985.

[40] 崇明县人民政府.崇明县安置三峡库区农村移民试点工作方案.内部资料,2000 年 3 月.

[41] 上海市安置三峡库区移民工作领导小组办公室.对社会负责，对历史负责,对移民负责　认真细致的做好三峡移民安置工作.内部资料,2000 年 9 月 12 日.

[42] 上海市安置三峡库区移民工作领导小组办公室.上海市三峡库区安置移民试点工作情况总结.内部资料,2000 年 8 月 15 日.

[43] 上海市安置三峡库区移民工作领导小组办公室.上海市安置三峡库区农村移民试点工作方案.内部资料,2000 年 3 月.

[44] 吴邦国副总理在三峡工程重庆库区农村移民出市外迁现场会上的讲话.内部资料,2000 年 9 月 18 日.

[45] 上海市组团对重庆三峡库区移民安置工作的考察情况.内部资料,1999 年 12 月.

[46] 关于长江三峡移民建房工程用地标准的意见.内部资料,2000.

[47] 关于加强移民生产安置费和移民承包地补贴费使用管理的意见.内部资料,2000.

[48] 崇明县安置三峡库区移民工作领导小组试点总结材料.内部资料,2000.

作者在攻读学位期间公开发表的论文

1. 著作：《社会定量研究的数据处理》，上海大学出版社，2002 年
2. 文章：《超越正式与非正式的界限》，上海大学《社会》杂志，2004 年第 2 期
3. 文章：《冲突的策略》，上海大学《社会》杂志，2005 年第 2 期

作者在攻读学位期间所作的项目

1. 课题研究:《上海产业工人生存状况和政策新思路》,上海政党研究中心课题,2003 年(第二作者)
2. 课题研究:《影响基层党组织动作的制度与非制度因素》,上海政党研究中心课题,2004 年(第二作者)
3. 课题研究:《从源头上控制失业》,上海哲社课题,社会和研究系列课题子课题,2004 年

致　谢

本文是在我的导师上海大学社会学系李友梅教授的指导下完成的。李教授在繁忙的领导工作和学术研究之余，仍挤出大量时间关心和指导本文的撰写。李教授严谨的科学研究方法、敏锐的学术洞察力、勤勉的工作作风以及勇于创新、勇于开拓的精神是我永远学习的榜样。她对学生认真负责，即使在生病期间，仍在审阅和修改本文，令我深为感动。在论文写就之际，谨向李友梅教授致以深深的敬意和由衷的感谢。

感谢所有关心我、支持我和帮助过我的同学、朋友、老师和亲人。在这里，我仅用一句话来表明我无法言语的心情：感谢你们！

翁定军

2005 年 2 月 24 日